大夏书系·「核心素养与21世纪技能」译丛

丛书主编　杨向东

学习的创新与创新的学习

21ST CENTURY SKILLS:
Learning for Life in Our Times

[美]
伯尼·特里林
Bernie Trilling

查尔斯·菲德尔
Charles Fadel

著

窦卫霖　籍嘉颖　译

华东师范大学出版社
全国百佳图书出版单位
·上海·

21st Century Skills: Learning for Life in Our Times

by Bernie Trilling, Charles Fadel

ISBN: 9781118157060

Copyright © 2012 by Johy Wiley & Sons, Inc.

Simplified Chinese translation copyright © 2020 by East China Normal University Press Ltd.

All Rights Reserved. This translation published under license. Authorized translation from the English language edition, Published by John Wiley & Sons. No part of this book may be reproduced in any form without the written permission of the original copyrights holder.

Copies of this book sold without a Wiley sticker on the cover are unauthorized and illegal.

本书中文简体中文字版专有翻译出版权由 John Wiley & Sons, Inc. 授予华东师范大学出版社。未经许可，不得以任何手段和形式复制或抄袭本书内容。

本书封底贴有 Wiley 防伪标签，无标签者不得销售。

上海市版权局著作权合同登记 图字：09-2017-468 号

华东师范大学"幸福之花"基金先导项目(人文社会科学)"复杂学习情境下核心素养测评范式及其培养机制研究"(2019ECNUXFZH015)的成果。

"核心素养与 21 世纪技能"译丛
编委会

主　编：杨向东

副主编：安桂清

编辑委员会（按姓氏拼音排序）：

安桂清　窦卫霖　高振宇　杨向东

张晓蕾　张紫屏

热评

佩奇·约翰逊
Paige Johnson
21世纪技能合作组织2009年度主席；
英特尔公司全球K-12经理

伯尼·特里林（Bernie Trilling）和查尔斯·菲德尔（Charles Fadel）以妙趣横生、朴实真切的语言描绘了如何根据标准将21世纪技能完全融入课堂中。对于关心孩子们未来的教育工作者、家长、商界领导人士与政府决策者来说，这本书是一个绝佳的旅行伴侣。

史蒂文·潘恩
Steven L. Paine
西弗吉尼亚州地方教育负责人

伯尼·特里林和查尔斯·菲德尔写出了一本真正有远见卓识的书，有利于读者深入了解21世纪的教育。这本书提供了可靠实用的建议，可以帮助教育工作者、政策制定者、商界领导人与其他感兴趣的人士提升美国在全球经济中的地位。我将这本书推荐给在数字化时代下对课堂效率感兴趣的所有人士。

玛丽·安·沃夫
Mary Ann Wolf
美国教育技术董事协会执行董事

对美国在全球经济中的竞争力感兴趣的人士必读此书。教育工作者、政策制定者、商界领导人、家长与学生都将从21世纪技能的综合信息中获益。

埃勒特·马西埃
Elliott Masie
学习联盟 CEO、主席

在 21 世纪，工作、生活与学习将需要一整套不断扩展的技能、反应能力与灵活性。我们必须准备好不断地学习和习得新技能，这种学习是终身的，抑或贯穿我们整个职业生涯。随着时代进程的推进，这将带领我们持续探索共同面对的难题与挑战。这是一本必读之书！

玛格丽特·霍尼
Margaret Honey
纽约科学馆主席、CEO

伯尼·特里林和查尔斯·菲德尔对 21 世纪技能的辩论更加朴实真切，而非夸夸其谈、言之无物，就孩子们在知识经济时代脱颖而出所需的技能与反应能力提供了具有实质性且引人入胜、妙趣横生的论点。本书作者所描述的技能是令所有公民富有创造性、参与性和智慧的必要命脉——这本书对怀疑主义者和狂热者等来说是不可多得的必读之书！

约翰·威尔逊
John Wilson
美国全国教育协会执行董事

伯尼·特里林和查尔斯·菲德尔在这本书中阐明了 21 世纪技能，非常难能可贵。这本书介绍了为什么教育必须改革：为了帮助学生们作好应对复杂挑战的准备，履行公民责任，让他们的生活充实美满。作者剥茧抽丝地为大家展现了为何政策制定者与教育工作者应当"跑着"而不是"走着"实施 21 世纪的学习设计。

米尔顿·陈
Milton Chen
乔治·卢卡斯教育基金会行政主任

伯尼·特里林和查尔斯·菲德尔通过这本书在全球范围内启动了"搜索与替换"过时的教育思维的程序。他们用"21 世纪学习框架，即 P21 彩虹"替换了"范围与顺序"。

基思·克鲁格
Keith R. Krueger
学校网联合会 CEO

伯尼·特里林和查尔斯·菲德尔的这本书一针见血地阐明了我们国家正面临的核心挑战——我们的教育系统为

孩子们习得21世纪"扁平"世界中获得成功所需的技能作好准备了吗？这本书不仅是一部研究当今教育弊端的著作，而是为教育提供了具有说服力的愿景以及我们该何去何从的地图。

克里斯·德迪
Chris Dede
哈佛大学教育学院教授

这本书为教育改革提供了一个具有创新性且综合全面的战略，从而使改革满足21世纪社会的需要。

保罗·雷维尔
Paul Reville
马萨诸塞州教育局长

本书作者为设计一种21世纪的教育方法提供了一个大胆的框架，这种教育方法致力于使我们所有的孩子都为战胜这个勇敢而新奇的世界中的挑战而作好准备。

罗伊·皮
Roy Pea
斯坦福大学教育与学习科学教授

我们拥有这样一本易懂、睿智的书是适时的，它阐明了众多企业、政策制定者与教育工作者们津津乐道的21世纪技能。

安妮·布莱恩特
Anne L. Bryant
美国学校董事会协会执行董事

伯尼·特里林和查尔斯·菲德尔全面系统地展现了21世纪技能的定义。读这本书时请备一个笔记本——你可以在你所在的学区内随时记录下如何使用该书中提供的方法。主管官员、课程总监与教师都必读这本书。

理查德·默南
Richard J. Murnane
哈佛教育研究所教育与社会学教授

这本书妙趣横生，既展现了在未来工作将是何种模样，又展现了富有思想的教育工作者该如何使孩子们在未来的职场竞争中成为佼佼者。丰富的实例反映了作者们的渊博知识，他们掌握了在美国最具创新性的企业中工作的变化轨迹，以及企业如何深度参与学校的良性改革。

艾伦·魏斯
Allan Weis

IBM 前副总裁、ThinkQuest 与先端网络服务公司创始人

罗伯特·科兹马
Robert B. Kozma

斯坦福国际研究院学习技术中心名誉主任、博士

凯西·赫尔利
Kathy Hurley

培生 K-12 解决方案与培生基金会高级副总裁、21 世纪技能合作组织新任主席

约翰·阿贝莱
John E. Abele

波士顿科技公司董事会创始主席

芭芭拉·库尔山（亦称"芭比"）
Barbara "Bobbi" Kurshan

课程维基执行董事

迈克·史蒂文森
Michael Stevenson

思科全球教育副总裁

　　伯尼·特里林和查尔斯·菲德尔对 21 世纪重要的学习技能具有真知灼见。生命不息，学习不止——任何对教育的未来感兴趣的人士必读这本书。

　　这本书带来了很多具体的建议，例如我们如何（确实必须）改变课程、教学、评估、技术的使用及学校的组织，从而能够更好地使我们的学生在 21 世纪的全球社会与经济中成为一名才华横溢且具有创新性的公民和劳动者。

　　伯尼·特里林和查尔斯·菲德尔提供了一个研究完备的超前框架，展现了如何在 21 世纪中改革教学与学习。很快就轮到我们所有人接受这项挑战，并一起大步迈向未来。

　　这本书犹如一张精心刻画的地图，为我们描绘了复杂相连的技能、知识和态度，在日益复杂和快速发展的社会中，这些都是每位公民所必备的。

　　这本书的内容具有启发性和激励性，是实施和理解 21 世纪技能的实用指南。每位教师和家长都应当读一读，这样他们的孩子和学生就能为迎接今天和明天的难题作好准备。

　　尽管大家对组织教育众说纷纭，但这本书带领我们回到了最基本的问题，即教育的目的是什么。这本书系统全面地考查了当今这个瞬息万变的世界所需要的技能，以及这些技能应当如何被传授与习得。这是一张 21 世纪学校教育的蓝图。

热评

伊奥阿尼斯·米阿欧丽斯
Ioannis Miaoulis
波士顿科学博物馆主席兼董事，博士

这本书为 K-12 学校平衡内容知识的传授与成功所需的必要技能的学习提供了一个极好的案例与路线图。它可以视为针对家长、教育工作者与政策制定者的一份宝贵的指南。

杰拉尔德·切塔维安
Gerald Chertavian
马萨诸塞州中小学教育委员会21世纪技能特别工作组主席、易尔职创始人与首席执行官

任何关注孩子的未来，关心孩子如何在全球经济中脱颖而出的人士都必须读一读这本书。

肯·凯伊
Ken Kay
21世纪技能合作组织执行董事、数字照明集团首席执行官

伯尼·特里林和查尔斯·菲德尔已经成为推动21世纪技能运动的重要人才。多年以来，我们未能提供一份对21世纪技能框架的深度论述，但是现在这份论述诞生了。

朱莉·沃克
Julie A. Walker
美国学校图书馆员协会执行董事

您还在学校里苦苦挣扎着理解或解释21世纪技能的规则吗？从这里开始吧。

凯伦·凯特
Karen Cator
21世纪技能合作组织前主席

这本书以妙趣横生的语言阐明了向当代学习者传授21世纪技能的必要现实。难能可贵的是，作者们清晰地阐述了这个应景的话题。

保罗·雷诺兹
Paul Reynolds
视觉寓言首席执行官

伯尼·特里林和查尔斯·菲德尔并非在夸夸其谈，而是提供了富有深刻的见解和常识性的指导，让我们在迫切需要创新、发明、自我激励与自我指导的创新性问题解决者的世界中重新思考学习与教学，从而应对复杂多变的全球性问题。

目录

"核心素养与 21 世纪技能" 译丛译者序	001
图和表	007
平装书前言	009
关于作者	013
序言 / 探求创新学习之道	015
前言 / 学习创新，创新学习	017

第一部分　何为 21 世纪学习

第一章 / 鉴古知今　开创未来　002
　　学会谋生：未来的工作和职业　006
　　鉴古知今　009

第二章 / 完美的学习风暴：四股会聚力　016
　　知识劳动　019
　　思维工具　020
　　数字化生活方式　022
　　学习研究　024
　　学习阻力　028
　　学习的拐点：实现新平衡　029
　　21 世纪最大的挑战　032

第二部分 何为21世纪技能

第三章 / 学习和创新技能：学习共同创新   034
    知识和技能"彩虹"   037
    学会学习和创新   038
    批判性思维和问题解决能力   038
    交际和合作能力   041
    创造和革新能力   043

第四章 / 数字素养技能：懂信息、通媒体、会技术   047
    信息素养   051
    媒体素养   053
    ICT 素养   054

第五章 / 职业和生活技能：为工作和生活作好准备   056
    灵活性和适应性   059
    主动性和自我指导能力   061
    社交和跨文化交际能力   063
    产出能力和绩效能力   064
    领导力和责任感   066

第三部分
实践中的 21 世纪学习

第六章 / 21 世纪的学与教   070
    学习 P's 和 Q's：问题与疑问   071
    通往答案与解决方案之路：科学与工程   072

第七章 / 高效学习：可靠的实践研究结果   076
    21 世纪"项目学习自行车"模型   078
    通过项目培养创新力   084
    项目式学习有效的证明   086
    合作式探究法与设计式学习法实施的障碍   091

第八章 / 重组学校教育：改造支持系统   093
    同步改变系统   096
    支持系统   100
    从技能到专业技能：未来学习框架   115

第九章 / 结论：终身学习——创造一个更加美好的世界   119

附录 A / 21世纪技能学习资源	**125**
21世纪技能示例	125
21世纪技能合作组织提供的相关资源	126
精选的在线资源	127
附录 B / 关于P21	**131**
P21是什么	131
P21在做什么	132
P21学习框架是怎样形成的	133
附录 C / 3Rs x 7Cs=21世纪学习	**137**
致　谢	**141**
注　释	**143**
参考文献	**149**

"核心素养与 21 世纪技能" 译丛译者序

1997 年，世界经济合作与发展组织（OECD）启动了"素养的界定和选择"（Definition and Selection of Competencies，DeSeCo）项目（OECD，2005）。该项目旨在研究面向 21 世纪的个体应该具备的核心素养，提供界定和选择这些核心素养的理论依据，以回应日益复杂的时代变化和加速的科技革新给个人生活与社会发展所造成的种种挑战。

自 DeSeCo 项目发起之后，核心素养迅速成为世界各个国家、地区和国际组织界定和思考 21 世纪学校教育与学生学习质量的基本概念。培养学生具有适应 21 世纪社会需求、促进终身学习和发展的核心素养，成为基础教育改革和发展的国际最新趋势。根据全球化和信息化时代生存和发展的要求，许多发达国家和国际组织纷纷提出了各自的核心素养框架，其中比较有影响力的包括欧盟提出的终身学习核心素养共同框架（European Commission，2006，2012），美国 21 世纪技能联盟提出的 21 世纪学生学习结果及其支持系统（US partnership for 21st century skills，2014），以及思科（Cisco）、英特尔（Intel）和微软（Microsoft）三大信息技术公司发起的 21 世纪技能教学和测评项目（Griffin et al.，2012）。

这些框架无一例外都关注创新、批判性思维、沟通交流和团队合作能力，强调个体的核心素养需要在数字化和信息化环境下展开，重视在全球化条件下和多元异质社会中培养主动参与和积极贡献的意识、能力和责任感。这种相似性并非偶然，集中反映了全球化和数字化时代对公民素养的共同要求。自上世纪 60 年代以来，数字化技术的迅猛发展导致全球经济模式、产业结构和社会生活持续发生根本性的变化。新的世纪进入人工智能时代，经济模式以创新为主要驱动力。越来越多的工作类型要求参与者适应充斥着高新技术的工作环境，能够对复杂陌生的问题作出灵活反应，能够有效沟通和使用各种资源、技术与工具，能够在团队中创新，持续生成新信息、知识或产品。现代社会变化加速，工作和生活流动性增加，需要人们能够学会学习和终身学习，尽快适应新的环境和不断变化的生活节奏及性质。

显然，滥觞于本世纪初的这场运动从一开始就带有浓浓的社会适应的味道，虽然这种适应不可避免地带有促进个体发展的意蕴。所谓的核心素养，就是个体适应日益复杂多变的21世纪社会需求所需要的关键性和根本性的品质。在这个意义上，核心素养与21世纪技能在内涵上是互通的，指向新世纪个体的可持续发展与社会的良好运作。按照OECD的说法，21世纪的核心素养需要满足三个条件：（1）要产生对社会和个体有价值的结果；（2）帮助个体在多样化情境中满足重要需要；（3）不仅对具体领域的专家而言是重要的，对所有人都是重要的（OECD，2005）。在内涵上，核心素养超越了对具体（学科）领域知识或技能的理解与掌握，更强调整合性、现实性和可迁移性。按照OECD的说法，素养"不仅仅是知识与技能。它包括在特定情境中个体调动和利用种种心理社会资源，以满足复杂需要的能力"。所调动和利用的心理社会资源"包含各种知识、技能、态度和价值观（OECD，2005，p.4）"。它是个体整合上述资源，应对或解决各种复杂陌生的现实问题的综合性品质。

这对既有的教育理念和方式提出了巨大的挑战，也产生了深远的影响。以21世纪的核心素养为育人目标，让教育者更加关注如何搭建学校教育、儿童生活与未来社会的桥梁，而不仅仅将视野局限在学科内容、教学要求和考试大纲等方面。利用核心素养模型来阐述教育总体目标，不仅使育人形象更为清晰，也对学校教育提出了超越学科知识和技能的育人要求，强调对高阶、整合和可迁移的综合品质的培养。素养导向的学校教育指向更为广义的课程观，蕴含了一种以人为本的泛在育人环境的构建。以学生的核心素养发展为主轴，通过各种整合性的现实情境和真实性任务，实现各教育阶段的螺旋上升和各学科课程之间的统整。在学习方式上，通过问题式或项目式学习，让学生解决体验复杂的、不确定性的真实性问题，模仿或参与各种真实性社会实践，发展批判性和创造性思维，学会沟通交流和团队协作，在经历对知识和理解的社会性建构过程中实现自我成长与社会适应的统一。毋庸置疑，这样一种教育模式对学校的教学管理、资源配置、考试评估及教师专业发展等方面都提出了诸多挑战和要求。学校需要从素养培养的现实需求出发进行资源配置，按照新型学习方式开展日常教学管理，构建以核心素养为实质内涵的质量话语体系和评价机制，赋予教师更加充分的专业自主权和灵活性。这一过程显然是长期而艰巨的。正如那句英语谚语所说的，"It takes a village to raise a child"（养孩子需要全村协力），没有整个教育系统的转型，素养导向的教育变革难以真正实现。

与国际教育改革和发展的趋势相一致，我国以普通高中课程标准的修订为契机，开启了以核心素养为纲的基础教育课程改革。2018年1月，历时四年修订的普通高中课程标准正式颁布。以核心素养的培养为主线，新修订的课程标准在教育目标、课程育人价值、课程结构、内容组织、学业质量标准、学习和教学方式、考试评价等一系列领域均取得了重要突破，为我国基础教育课程改革的进一步深化提供了理论基础和政策前提。如何在此基础上，系统反思我国原有教育教学观念和体系的弊端与不足，结合我国教育实际，开展系统深入的素养教育理论和实践研究，开发促进学生核心素养发展的课程体系、学习方式和评价机制，实现学校育人模式和管理机制的转型，是摆在我国教育理论工作者和实践人员面前的迫切任务。

出于以上思考，我们选编、翻译和出版了这套"核心素养与21世纪技能"译丛。考虑到国内推进基础教育课程改革的现实需求，本套丛书聚焦于以核心素养或21世纪技能为指向的理论、研究和实践的整合，关注当前基础教育的重大议题。所选书目在主题和内容上包括：（1）基于国情构建核心素养体系的探索；（2）21世纪学习机制和理论框架的研究；（3）核心素养理念指导下课程与教学改革的可行路径；（4）21世纪技能测评的方法与技术;(5)促进学生核心素养发展的学校和社区教育环境的建设等。对相关主题的阐述既有理论的视角,也有便于参考和借鉴的思维框架、研究或实施路径,以及源于教育现实的真实案例或课堂实录。本套书适合致力于推进我国基于核心素养的课程、教学、评价以及学校管理的广大教育研究人员和实践工作者阅读和使用。我们希望通过这套丛书为大家提供有用的资源,改善大家对核心素养的理解,促进课程、教学和评价等领域转型,为推进我国基础教育课程改革提供富有价值的支持。

  本套译丛是集体合作的成果。参与译丛翻译工作的大都是从事我国基础教育研究工作的中青年学者,具有良好的教育背景和科研素养。为了统一不同书中的专业术语,保障译丛翻译稿件质量,每本书的译者先对附录中的专业词汇进行了翻译,然后在整套译丛层面上进行了汇总,并在讨论基础上尽可能进行了统一处理。翻译是一项既有很强专业性,又富有艺术性的工作。翻译过程既细致而又漫长。在此向参与译丛翻译的各位译者的辛勤付出表示衷心的感谢。译丛中不同原著已然风格不一,不同译者又有着自己的理解和语言风格,希望读者能够理解并给以谅解。华东师范大学出版社的龚海燕副社长对本套译丛非常关心,在译丛版权方面做了大量富有成效的工作,在此一并表示衷心的感谢。

杨向东

参考文献:

  European Commission. (2006). *Key Competences for Lifelong Learning, OJ L 394, 30.12.2006* [online]. Available: *Http://europa.eu/legislation_summaries/ education_training_youth/lifelong_learning/c11090_en.htm.*

  European Commission. (2012). *Developing Key Competences at School in Europe: Challenges and Opportunities for Policy [online]. Available: http://eacea.*

ec.europa.eu/education/eurydice/documents/thematic_reports/145EN.pdf.

Griffin, P., McGaw, B., & Care, E. (2012). *Assessment and teaching of 21st century skills*. Dordrecht, NE: Springer.

Organization for Economic Cooperation and Development (2005). *The definition and selection of key competencies, Executive summary.* Paris, France: OECD.

Partnership for 21st Century Skills (2014). *Framework for 21st Century Learning* [online]. Available: *http://www.p21.org/about-us/p21-framework.*

图和表

图：

图 1.1	价值链的今昔对比	003
图 1.2	我们的时代符号	005
图 1.3	21世纪职业要求的新技能	007
图 1.4	21世纪工作的未来	008
图 2.1	21世纪学习会聚力	017
图 2.2	21世纪学习平衡	030
图 3.1	SARS网站截屏	036
图 3.2	21世纪知识和技能"彩虹"	037
图 3.3	"创意打包创造力活动卡"	046
图 4.1	21世纪知识和技能"彩虹"	051
图 5.1	21世纪知识和技能"彩虹"	058
图 6.1	科学与技术、疑问与问题	072
图 7.1	学生和教师的"项目车轮"	080
图 7.2	"项目学习自行车"	081
图 7.3	21世纪"项目学习自行车"模式	082
图 8.1	学校教育相互作用系统图	094
图 8.2	21世纪学习框架	095
图 8.3	西弗吉尼亚州十一年级社会科学考试题	105
图 8.4	新的学习环境	111
图 8.5	知识时代的价值链	116

图 8.6　未来可能的 21 世纪学习框架　　　117

图 9.1　全球性的主要"E"问题　　　124

图 B.1　21 世纪学习框架　　　134

图 C.1　21 世纪学习成果　　　137

表：

表 1.1　职业和 21 世纪工作　　　007

表 1.2　不同时代的社会教育目标　　　011

表 5.1　业绩评价标准　　　057

表 6.1　科学法与工程法的比较　　　073

表 8.1　西弗吉尼亚州制定的五年级科学课标准　　　101

表 C.1　P21 和 7Cs 技能　　　138

平装书前言

每个大项目似乎都有意料之外的跌宕起伏,从而谱写出这个项目的生命乐章。您手中的这本平装书仅仅是该图书项目的一部分。令我们欣慰的是,越来越多的读者对本书所提出的观点与指导方法表现出了浓厚的兴趣,因此平装版本得以加印,同时电子书版本也应运而生。不仅如此,本书还被翻译成了中文和其他语言。

自本书首次发行以来,我们非常荣幸能够与数千名如您一样的读者见面、交流与联系,你们都在竭尽所能帮助学生更好地为21世纪的学习和生活作好准备。令我们感到非常惊喜的是,在复杂多变的时期,全球各地的教育工作者、家长以及领导者正在激情澎湃、热情昂扬、独具创新、竭尽全力地培养更加成功的学生,打造更具有特色的学校。

我们了解到全球21世纪学习进程已经变得如此强大,影响广泛。因此,我们从众多优秀发展案例中挑选了以下两个例子:

• 经济合作与发展组织(The Organisation for Economic Co-operation and Development,OECD)——PISA国际学生评估的开发组织——及其34个成员国,已经宣布了一项大规模技能战略计划,开展对一些重要议题的调查,例如:基本通用技能与特殊职业技能的价值对比、现有技能与劳动力市场所需技能之间的不匹配程度和影响,以及成员国为培养必要的21世纪技能所提供的教育和培训的经典案例等(http://www.oecd.org/document/6/0,3746,en_2649_33723_47414086_1_1_1_1,00.html)。

• 美国有44个州采用了一套全新的教育标准,这套标准囊括了本书概述的部分21世纪关键技能。21世纪技能合作组织(Partnership for 21st Century Skills,P21)发布了一个工具包，从而更好地帮助教育工作者将这些技能融入教育实践中（http：// www.p21.org/index.php？option=com_content＆task = view＆id=1005＆Itemid=236）。

全球 21 世纪学习对话已经不再纠结于知识与技能"二者取一"的争论之中，而是坚定地聚焦于如何最佳地发展当今时代迫切所需的知识、技能、情感、专业的"兼收并容"。有关神经科学的最新发展也证实，通过在现实世界的应用，知识的学习效果最优，而且，源于内在的求知欲望——想知道——能够激发人们学习复杂而具有挑战性的内容所需的动力。

随着经济大萧条的余波持续影响全球各地的经济、社会和生活，我们都亲身感受到了新一轮教育变革的紧迫感：

• 国际社会的失业率徘徊在令人担忧的较高水平，其中青年失业率到达了岌岌可危的地步。
• 全球工作模式的艰难转变——由于日益涌现的自动化、通讯与运输技术的使用和作业迁移——正对就业机会和经济发展机遇产生更加深层次的影响。
• 对教育和其他社会服务的资助承受着巨大的压力。
• 日益膨胀的能源与食物成本所产生的全球性恐慌造成了进一步的预算紧张。
• 由于极端天气和气候变化而造成的自然灾害带来了更多的挑战。

有一个关键问题引起了越来越多人的关注，人们频频发问：我们如何能够帮助我们的学生学习所需的内容，为其毕业后的就业，以及在更加不确定、多变、更具竞争性和相互联系的世界中应对各种问题作好准备？

本书涵盖的主题——教育的目的、原因和方式——并非理论上的，而是真实迫切的议题。

在所谓的"阿拉伯之春"国家及其以外的地方，我们发现，如果大量 30 岁以下、接受传统教育、依靠技术相互联系的城市青年面临严重的失业并强烈渴望更好的生活，却发现这些渴望遥不可及时，便会造成各种形式的动荡。可见，教育、经济、就业、政治与社会和谐是完全紧密联系在一起的。

我们也发现，有了规划和坚持，21世纪教育可以取得稳定的进展。澳大利亚、芬兰、韩国、苏格兰和新加坡等地的经验告诉我们，教育制度的改革非常艰巨，需要持之以恒、长期地改革学习方法——即使在政治和行政变革中也必须坚持下去。让学生们为大学、就业和公民生活更好地作准备，其所带来的益处将更有价值，这对每个公民的未来健康与福利、经济的健康发展和社会的幸福安定是必不可少的。

令人高兴的是，虽然面临着巨大的挑战，但越来越多的学校、学区、学校网络、州和省，甚至整个教育系统和国家开始慢慢接受本书中提到的原则和做法。本书所附提到的一些富有开创性的21世纪学校正在与其他志同道合的学校网络联合，分享并改善它们的学习方式并扩大其影响力。一个经典的案例是八校联合网络，它涉及美国40多个州和其他国家的400多所中小学，威廉和弗洛拉·休利特（William and Flora Hewlett）基金会的项目"更深入的学习"也资助了其中一部分（http://www.hewlett.org/programs/education-program/deeper-learning）。

在这期间，我们被问到的一个关键问题是："这些富有开创性的更深入的学校网络学习有何共同的原则和做法？"欲回答这个问题，第一步是创建一个各个网络都重视的核心原则"Wordle"（最常用的视觉图词汇）。结果如下：

这张图展现了在学习中以学生为中心、真实项目的价值、学生的兴趣、通往成功的关系和途径以及学习的全球性本质的重要性。

通过与学校领导、教师和来自这些学校网络的学生长达数小时的会谈和讨论，共同做法的模式初见雏形。它们包括：

1. 学习——对相关的问题进行深入探究，创新性解决现实议题和具有挑战性的项目，激发出引人入胜、个性化的协作式学习方式，聚焦于学生高质量地学习。

2. 教学——教师的角色是学习设计师、模式学习者、导师、指导者和学校领导。

3. 评估——通过公共演讲以及各种各样的融入日常学习的表现、评估标准来评价学生的学习情况。

4. 文化 / 气候——对学生和教育工作者来说，是既具有高期待值、责任感、所有权和自我指导的专业文化，又涵盖关爱、尊重、信任、合作和共同体的个人文化。

5. 发展——通过合作和嵌入式的辅导、建模、指导与领导来提高学生学习的质量。

6. 工具——广泛使用技术和其他学习资源来支持"更深入的学习"的成果和实践。

这些实践对于一个 21 世纪学习的新兴共同"生态系统"来说可能是重要的组成部分。请大家拭目以待。

我们期待听到您在 21 世纪学习之路上的探索和成就。请登陆本书网站与我们尽情分享：http://www.21stcenturyskillsbook.com/contact.php。

我们非常乐意助您一臂之力，帮助所有的学生习得必要的 21 世纪技能和专业技能，从而在职场中脱颖而出，收获幸福美满的家庭和积极向上的人生，以及终生的快乐学习之旅。

伯尼·特里林（Bernie Trilling）

查尔斯·菲德尔（Charles Fadel）

2012 年 1 月

关于作者

本书的两位作者伯尼·特里林（Bernie Trilling）和查尔斯·菲德尔（Charles Fadel）长期以来一直合作撰写图书，推进 21 世纪的教育改革。作为 21 世纪技能合作组织（P21）"标准、评估与专业发展委员会"的前任联合主席，他们精心设计出了具有突破性的 P21 机构的"彩虹图"学习框架，这一框架指引着 21 世纪全球学习进程的变革。

虽然伯尼和查尔斯深入参与了以重塑学习的创新性技术的开发，但是他们坚信：最重要的学习工具是我们的大脑、心智和双手，它们协同工作才可以取得最佳学习效果。

伯尼·特里林是"21 世纪学习顾问"的创始人和首席执行官，一位公认的思想领袖、导师、顾问、作家和主旨演讲人。作为甲骨文教育基金会的前任全球总监，他管理着基金会教育战略、伙伴关系和服务发展以及 ThinkQuest 项目。他曾担任"21 世纪技能合作组织"的董事会成员，也是设计出 P21 机构的"彩虹图"学习框架所在委员会的联合主席之一。

他致力于开发大量创新型教育产品和服务，也是众多组织中的活跃成员，这些组织均在不遗余力地将 21 世纪学习方法传播给全球各地的学生和教师们。在加入甲骨文教育基金会之前，伯尼还管理着美国一家全国教育实验室——"西部教育"（WestEd）的技术团队。他带领教育技术人员将技术融入教学领域和管理领域。他还在教育界和工业界身兼多职，比如他是惠普公司的教学执行制作人，协助其打造了创新性的全球性远程交互学习网络。

作为一名教学设计师和教育家，伯尼在从学前教育到企业培训等教育背景中，都担任过大量专业的教育角色。他曾为各类教育期刊撰写过许多文章，频繁地在教育会议上发表主旨演讲，并已成为许多国家和国际性媒体的特邀嘉宾。

伯尼曾在斯坦福大学学习环境科学与教育。在校期间，他将自己的研究运用于现实世界中的难题，在华盛顿协助组织过首个"地球日"纪念活动。

近期，伯尼正协助开展威廉和弗洛拉·休利特基金会的项目"更深入的学习"，主要是研究400多所学校的共同做法，这些学校均是21世纪学习的模型学校。

伯尼是一名自我推进式的终身学习者。在大部分的工作时间里，他致力于拓展他所认为的最引人入胜、协作性和针对性最强以及最为强大的各种学习体验，并让各个年龄段的学习者们都有机会体验这些学习方法。

查尔斯·菲德尔是一位全球性的教育思想领袖及专家、写作者和一些机构的发起者：

哈佛大学教育研究生院访学实践者；宾夕法尼亚大学沃顿商学院首席学习官(Chief Learning Officer)项目客座讲师；欧林工程学院总统委员会委员；美国经济咨商局人力资本高级研究员。

OECD工商咨询委员会教育委员会副主席。

思科系统（Cisco Systen）前任全球教育带头人，思科系统与联合国教科文组织（UNESCO）和世界银行之间的联络员。

创新/教育董事会成员；21世纪技能合作组织和改变方程式（Change the Equation）前任董事会成员。

"灯塔天使"（Beacon Angels）天使投资人（http://beaconangels.wordpress.com/members/）。

他曾在30多个发达或发展中国家和美国的州开展教育项目。他的工作涉及中小学、高等教育和劳动力发展等领域。美国国家公共广播电台（NPR）、加拿大广播公司(CBC)、赫芬顿邮报（Huffington Post）以及其他媒体曾多次对其报道。

查尔斯在职业生涯中获得了五项专利，并在ICT行业（半导体和系统）工作20余载。他拥有电子、物理学理学学士学位，神经科学辅修学位以及国际营销工商管理硕士学位。

序言

探求创新学习之道

我们接待了一个中国教育部的教育官员代表团,他们来到这里的目的是要亲眼目睹传说中的美国学校在开展的教学与学习改革。

加利福尼亚北部的纳帕新技术中学因其项目学习方法而闻名。在这所学校里,我们参观了一间教室,这间教室看上去既像一间公司会议室,又像一个小规模的媒体制作工作室。在翻译的帮助下,我们与一群学生和教师进行了交谈,他们非常自豪地向我们展示了他们最近正在开展的项目作业。

作为项目的一部分,这些学生最近实施了一些很实用的节能方法,每月帮助学校在公共设施开销上节省了数百美元。他们还通过种植精挑细选的本地灌木和其他树种,保护了附近的一条河流。

在美国的所见所闻令中方代表团中的郑先生激动不已。当我们聚在一起交流这一天参观的感受时,他总是迫不及待地想与大家分享。

他拿起该校的课程指南,用英语问道:"你们学校在哪些方面教学生创造与创新?我想了解你们是用什么方法教授这些内容的。我们也想要中国的学生学习如何创造与创新!"

该校的课程主管保罗(Paul)深吸一口气,组织好语言,然后慢慢地笑着回答:"我有一些不怎么好的消息,也有一些好消息。

"不怎么好的消息是……你问的课程并不在我们的课程指南中。

"它更多地存在于我们呼吸的空气中——或我们饮用的水中;在美国的历史中——托马斯·爱迪生(Thomas Edison)、亨利·福特(Henry Ford)、本杰明·富兰克林

(Benjamin Franklin)；它在我们的企业文化中、我们的企业家身上、我们尝试新思想的意愿中；它在修理厂的工作和发明中，在应对棘手问题的挑战和创造新鲜事物的激情中；我们不断构思、冒险、失败和尝试，最终收获了创造与创新。

"很奇怪的是，美国的学校越来越像中国的学校，开始注重决定一个学生未来前途的应试教育。我们正努力通过这些项目保持学生创造与创新的精神。我们相信，这些技能对推动新型全球经济、解决全人类共同面临的各种难题，都是至关重要的。"

郑先生仔细想了想应该如何做才能让中国的传统校园文化拥抱更具创新性的学习方法，然后期待地问道："那么好消息是什么呢？"

保罗轻声笑了起来。

"好消息就是，因为有合适的机会和一定的支持，我们看到我们的学生能够学会创造与创新。不过，这需要优秀的教师掌握好平衡之道——既能让学生学到客观事实和原理，又能提出解决问题的新方法，同时还能为他们感兴趣的问题找到富有创造性的答案。"

郑先生婉转地答道："或许我们能帮助你们更好地学习原理，而你们则可以教我们如何使用这些原理来创新——我们可以一起合作。"

所有人都礼貌地笑了起来，握了握手，在学校前面合影，然后我们的客人便动身前往下一站了。

前言

学习创新，创新学习

本书讲述了教育和学习领域即将发生的令人充满希望的改革。这重燃了我们内心对学习的热爱之情，以及努力携手打造一个更加美好的世界的喜悦之情——本书讲述的是立刻可以为所有人使用的内容。

这些年来，无论我们在教育之旅中行至何方，仿佛都是在围绕相同主题与疑问的不同变体开展一次又一次长时间的全球性对话：

- 这个世界发生了怎样的变化，这对教育来说意味着什么？
- 人们需要学习什么才能在这个世界中脱颖而出？
- 我们怎样学习所有这些知识？
- 21 世纪的学习与 20 世纪的学习有何不同？21 世纪的学习究竟是什么样的？
- 随着时代进程的推进，21 世纪的学习将如何演变？
- 21 世纪的学习方法将如何帮助人们解决全球性的难题？

本书研究的背景是，在过去数十年内，我们的世界发生了本质的变化，以至于日常生活中的学习和教育的角色也发生了彻底的改变。

虽然以往所需的许多技能（如批判性思维和问题解决能力）如今变得更加珍贵，但是在 21 世纪的日常生活中，习得与实践这些技能的方式正快速发生改变。与此同时，如今还有一些新技能需要我们去掌握（如数字媒体素养），而这在 50 年前甚至是无法想象的。

为了帮助大家更好地感知教育与学习即将面临的改变，让我们用几分钟的时间加入一次非正式的思维实验，该实验得到了许多教育工作者、学校领导和家长的青睐。这样的实验可以让我们亲自体验当下的学习议题，让一切都变得非常真实。

四个问题练习

首先，假设（如果现实并非如此）你有孩子，孙子或外孙，侄子或侄女，或者朋友家有个你疼爱关心的孩子，这个孩子今年刚刚开始上幼儿园或是接受学前教育。随后，请思考以下问题，并做些笔记。

- 问题一：从现在开始大约 20 年后，你的孩子已经从学校毕业，踏入社会，那时世界将是什么样子？试想一下 20 年前的生活景象，以及你所目睹的所有变化，然后再想象一下在接下来的 20 年里还将会发生什么变化。
- 问题二：20 年之后，你认为你的孩子需要学习何种技能才能在这个世界中脱颖而出？
- 问题三：现在，请你想一想你自己的生活以及你用于真正学习的时光，那时你学得既丰富又深入，以至于可以将这段时光称为你一生中的"巅峰学习体验"。是什么原因使你的高效能学习体验如此强大？

在抛出问题四之前，请认真检查你前三个问题的答案，再思考一下当前大多数的学生每天如何度过在学校的时光。随后，再来考虑最后一道题：

- 问题四：假如围绕你对前三个问题的回答来进行设计，学校将会是什么样子？

在作报告之前，我们会选取许多不同的小组进行该项练习。令人惊喜的是，这些小组给出的四个问题的答案惊人地相似。无论他们的背景如何，目前身处何方，他们总是会得出同一个结论：现在是时候让学习更多地与时代的需求和学生的需求相协调了。

问题一：从现在开始大约 20 年后，你的孩子已经从学校毕业，踏入社会，那时世界将是什么样子？——收到的回答中，人们很容易将当前的事件、议题和挑战都放入对未来的计划中。典型回答如下：

- 技术和交通的联系，使世界"越来越小"。
- 需要控制不断加强的信息和媒体浪潮。
- 全球性的经济波动影响每个人的就业和收入。
- 基础资源，如水、食物和能源的紧张。
- 环境挑战急需全球合作。
- 隐私、安全和恐怖主义日益得到关注。
- 为了提高在国际社会中的竞争力，经济创新的必要性越来越突出。
- 跨越语言、文化、地域、时区的多元化团队任务日益增多。
- 不断需要管理时间、人员、资源和项目的更优化方法。

问题二：20 年之后，你认为你的孩子需要学习何种技能才能在这个世界中脱颖而出？——不可避免地引出了本书提及的大部分 21 世纪技能，包括好奇心、关爱、自信和勇气等价值观和行为，它们会经常出现在这些技能的习得过程中。本书所涵盖的 21 世纪技能可以分为以下三种实用类别：

学习和创新技能：
    批判性思维和问题解决能力；
    交际和合作能力；
    创造和革新能力。

数字素养技能：

　　信息素养；

　　媒体素养；

　　ICT 素养。

职业和生活技能：

　　灵活性和适应性；

　　主动性和自我指导能力；

　　社交和跨文化交际技能；

　　产出能力和绩效能力；

　　领导力和责任感。

问题三：是什么原因使你的高效能学习体验如此强大？——收到的答案更加有趣。这些年来我们所听到的不同说法常常可以归结为如下原因：

- 超高水平的学习挑战往往来自一个人的内在热情。

- 同等水平的内在关爱和个体支持——一位要求高但富有爱心的教师，一位外在严苛但内心温暖的教练或一位能够给人带来启迪的学习导师。

- 充分允许失败——稳妥地鼓励人们把从失败中吸取的经验教训用于即将迎接的挑战。

最后一点极其重要。经过认真反思总结的失败会比轻而易举的成功更加有价值（虽然这在如今以"考试必胜秘籍"为驱动的学校里肯定不受欢迎）。

问题四：假如围绕你对前三个问题的回答来进行设计，学校将会是什么样子？——放大了"我们认为的学习理所应当的样子"和"大多数学校每天的实际情况"之间的差距：

- 职场的模式渐渐倾向于各个团队之间携手合作，解决难题，创造新事物——为什么学生们大多数情况下都在单枪匹马地与他人竞争以获得教师的认可呢？

• 技术正成为孩子日常生活中非常重要的一部分——为什么他们必须在教室门口比拼技术发明，还要去争取有限的学校电脑使用时间呢？

• 这个世界充满了引人入胜的现实挑战、问题与疑问——为什么人们要花费那么多时间在课本每章节最后的那些与真实世界完全脱轨的问题上呢？

• 所有的学习者们自然而然地做他们感兴趣的项目——为什么在那么多的课堂中几乎没有学习项目呢？

• 创造与革新对未来经济的腾飞至关重要——为什么学校如此吝啬给予发展创造与创新技能的时间呢？

总而言之，"四个问题"的练习能够快速地让一个团队共同勾勒出未来学习的蓝图。现在，只要我们挥动魔杖，便立即可以了解"四个问题"练习答案的一致性，那么学校教育将会与现在截然不同！

关于本书

令人欣喜的是，全球各地的学校目前正慢慢认可学生在21世纪成功所需的学习设计。从新加坡到悉尼，从赫尔辛基到中国香港，从英国到美国，各个学校都在变革学习，而学生们正在学习如何创新。一场朝气蓬勃的全球性运动正在上演，目的是重新调整学习资源，以适应日益增长的数字化时代的学习者，跟上21世纪学习的新步伐。

本书讲述了全球学习格局为何以及如何脱胎换骨，而这个被称为"21世纪技能运动"的全球转型可能会给你周围的学校带来什么变化。

家长、教师、学校行政人员和政策制定者需要明确，我们的孩子要成为社会中的佼佼者，现在需要学习什么内容。每位关心教育和人类未来的人都需要一份全新的指南来帮助我们探索符合时代的学习方法。

我们希望在大家通往21世纪的学习路途中，这本书会成为一本便携的指南和令人惬意的旅行伴侣。

本书结构

在本书第一部分中，第一章首先介绍了21世纪不平凡的开端，以及教育和学习目前扮演的新角色。我们回顾了教育在社会演变中所扮演的历史角色，然后探讨了在21世纪学生即将步入的职场以及未来工作与职业的前景。第二章研究了教育中的非凡会聚力，这股力量将学习引入一个新平衡，并改变我们需要学习的内容以及成为21世纪成功的学生、劳动者和公民的方式。第一部分还评估了对抗改变的阻力，展现了最符合时代需求的各种新型学习方法。

第二部分阐释了21世纪核心技能的本质。第三章介绍了P21设计的指导教育格局演变的框架，然后介绍21世纪技能的第一个领域，即掌握学习与创新技能。接下来的两个章节描述了另外两个主要的领域，即第四章的数字素养和第五章的职业与生活技能。每个章节都用案例详细解释了这些技能是如何通过一项名为"ThinkQuest"的创新型学习项目为人们所习得的。

第三部分则进入了21世纪学习的实践层面。第六章介绍了我们所了解的两项最强大的学习动机（但是我们着眼于"教学"内容而往往会忽略它们）：引人入胜的疑问与问题。紧接着，第七章介绍了由疑问和问题驱动的21世纪学习实践的新框架——21世纪"项目学习自行车"模型。此外，本部分还研究了设计在新兴创新时代为满足创造与革新的增长需求所发挥的作用。

第八章讨论了能证明该模型的学习价值及其强大的学习方法有效性的研究结果和基本依据。本章还探究了P21框架的每个教育支持系统如何协同运作以推动学习向21世纪的学习方案靠拢。最后，在结尾处，本章还总结了一个可能的未来学习框架——我们目前的21世纪学习模型将如何从以技能为基础转化为以专业技能为基础。

第九章（也就是结论章），展望了未来社会如何将学习进一步置于文化核心地位，以及未来学校的学习网络和在线服务对未来的全球公民意味着什么。最后，本章聚焦于时代面临的紧迫挑战，以及学习将如何带动全球公民携起手来，共同实施21世纪学习项目，为创造更美好的世界和更有意义且更令人难忘的学习作出贡献。

三个附录列出了可使用的21世纪学习资源，对P21及其学习框架的发展概述，以及记忆21世纪核心技能的便捷公式。

成功与否的关键在于能否了解随着时代的进程，应该坚持哪些核心价值观，又该摒弃和替换哪些价值观。

——杰瑞德·戴蒙德（Jared Diamond）

21世纪的文盲并非那些没有能力阅读和写作的人，而是那些学不会、忘却学过的内容或失去学习能力的人。

——阿尔文·托夫勒（Alvin Toffler）

我呼吁国家政府人员和教育主管部门制定新的21世纪评价标准，这些标准不是简单衡量学生是否能在测试中表现优异，而是能否具备21世纪技能，如问题解决能力、批判性思维、创业精神和创新能力。

——美国前总统贝拉克·奥巴马（Barack Obama）

第一部分

何为21世纪学习

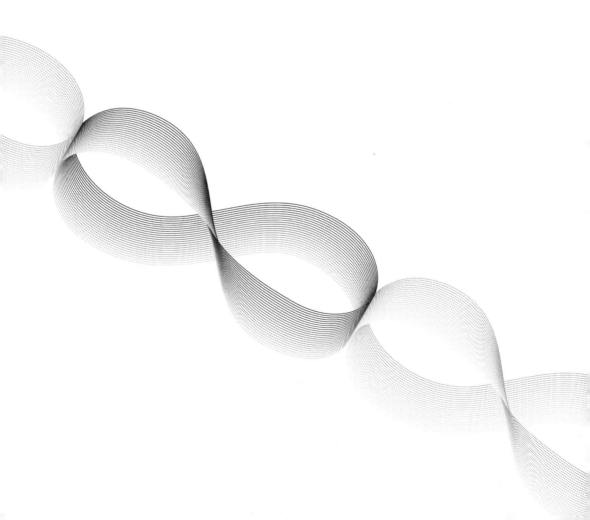

第一章

鉴古知今
开创未来

> 当前,我们正在帮助学生为未来从事尚未出现的工作作好准备……为运用迄今尚未问世的技术作好准备……以便他们能解决那些我们现在甚至还不知道是不是问题的问题。
>
> **理查德·莱利**（Richard Riley）
> 美国前教育部长

一切悄然而至。

1991年，美国对信息和通信技术的消费总额有史以来首次超越了对工业时代的商品消费的总金额。前者包括计算机、服务器、打印机、软件、电话、网络设备和系统等；后者包括用于农业、采矿业、建筑业、制造业、运输、能源生产等方面的机械和机器。

究竟相差多少呢？1991年，"知识时代"的花费比工业时代的花费高出50亿美元（即1120亿美元对1070亿美元）。那是一个属于信息、知识和创新的伟大年份[1]。自此以后，全球各国用于生产、操作、管理、移动信息比特与字节的投入呈增长态势，逐渐超过研究物质世界的原子和分子所投入的成本。

这种从工业时代的生产到知识时代特有的信息驱动、全球互联的经济活动的巨大转变，犹如350年前从农业时代到工业时代的转变，革新世界，改变着生活。从一种以工厂和制造业为主的经济转型为一种以数据、信息、知识、专业技能为基础的新型经济，这给全球各经济体和人们的日常生活产生了巨大影响。因此，一件产品或是一项服务的生产步骤，即所谓的产品价值链，发生了巨变（如图1.1所示）。

工业时代价值链：

提炼→制造→组装→营销→分配→产品（以及服务）

知识时代价值链：

数据→信息→知识→专业技能→营销→服务（以及产品）

图1.1 价值链的今昔对比

工业经济集中于将铁、原油等自然资源转化为人们所需的产品，例如汽车和汽油。而知识经济主要是将信息、专业技能和技术创新转化为人们所需的服务，例如医疗保健和手机信号的覆盖。

当然，这并不意味着工业时代的生产活动在知识时代即将或可能消失殆尽——工业产品永远是人们所需要的。

这意味着，随着自动化水平的不断提升，制造业（和其产生的相应的环境影响）向中国、印度、巴西等人力成本较低、装备了大量工业机器的国家转移，知识时代将逐渐减少工业生产活动，而以创造和提供服务为主的知识生产活动将在21世纪继续大放异彩。

然而，这只是21世纪早期我们面临的一系列重大革新中的一个。随着本世纪的不断发展，这些变化将继续对教育提出新的需求。

正如托马斯·弗里德曼（Thomas Friedman）在其著作《世界是平的：21世纪简史》和《世界又热又平又挤》中生动描述的那样，21世纪正以全新的、强大的，而且常常令人警醒的方式挑战并重组着社会根本。例如：

- 现在，地球上存在着一个真正全球化的金融经济生态系统。这一高度互联的系统预示着一旦地球上的某个部分出现混乱（例如美国的房贷危机），地球上的其他经济体也会跟着遭殃。
- 日趋严重的贫富差距导致社会紧张、冲突、极端主义，使世界变得越来越纷扰动乱。

然而，社会生存的最大挑战是我们给自身物质环境所施加的压力和负担。

- 截至2009年，全球人口已经从1950年的25亿增长至近70亿。到2050年，这一数字预计将突破90亿。

- 虽然贫困仍在肆虐，但越来越多的人活得像中产阶级，这极大地增加了地球上物质和能源的消耗。
- 与日俱增的资源消耗引起气候变化，对大自然和全球生命支持系统造成威胁。

不仅如此，还有人口过剩、过度消耗、日益加剧的国与国之间的相互竞争和相互依存、冰山融化、金融危机、战争和其他影响安定的威胁，新世纪的开局真是艰难啊！

但是，就像汉语里的"危机"二字那样（如图1.2所示），尽管在这样的时代中，与危险和绝望相伴的通常是革新机遇和崭新的希望。

图1.2 我们的时代符号

教育的一大任务就是培养能应对时代挑战的未来劳动者。只要有充分的专业技能，再加上一部手机、一台电脑和网络，任何人在任何地点都能进行知识生产活动。在未来的数十年里，大部分人都需要开展这种活动。然而，要培养出具备专业知识的劳动者，各国需要打造一个教育系统。因此，教育成为21世纪经济生存的关键所在。

为了进一步了解时代对教育的需求，我们必须更深入地探究21世纪不断变化的劳动领域。

◯ 学会谋生：未来的工作和职业

几年前，我们把一个简单又十分重要的问题抛向了来自各大公司的 400 位招聘主管们："毕业生们真的为工作作好准备了吗？"他们的统一回答是：并没有。[2]

研究清楚地显示，从中等学校、专科学校和大学毕业的学生严重缺乏如下一些基本技能和应用技能：

- 口头和书面交流能力。
- 批判性思维和解决问题能力。
- 职业精神和职业道德。
- 团队协作和配合能力。
- 在多元化的团队中的处事能力。
- 技术的应用能力。
- 领导力和项目管理能力。

来自全球各地的报告显示，"21 世纪技能缺口"令公司多出一大笔开支。有报告估算，为了寻找和招聘稀有高技能人才以及开设高成本的培训项目使新员工达到未来工作所需的水平，全球每年支出逾 2000 亿美元。然而，由于现在处于经济困难时期，预算进一步紧缩，各大公司需要的是能够无需额外培训和能力发展就能积极着手开展工作的高素质人才。

国家和企业间的竞争力与财富增长完全依赖于是否拥有一批受过良好教育的劳动力，2006 年的一份报告则将此归结为"学习就是财富"。国民识字率每提高一小点，就会产生巨大且积极的经济效益。劳动者们接受教育后，其赚钱潜力也会提升；如果一名员工多接受一年教育，其一生的工资收入能够增长 10%

或更多。³

既然如此，为什么现行教育无法培养出能够胜任21世纪工作的学生呢？

因为知识时代的工作要求新型的技能组合。那些需要日常动手能力和思维能力的工作渐渐被需要专家型思维和复杂沟通能力等高水平知识和应用技能的工作取代（见图1.3）。

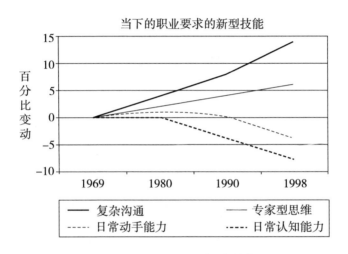

图1.3　21世纪职业要求的新技能

资料来源：改编自Levy and Murane，2004。

表1.1列举了需要日常动手能力和思维能力的工作以及需要专家型思维和复杂沟通能力等的高要求工作。

社会对高技能劳动力的紧迫需求，也意味着在两类劳动者（一类劳动者技能相对欠缺、教育程度较低，另一类则技能相对完备、教育程度较高）之间会渐渐呈现出收入差距。常规工作任务越来越自动化，剩下那些仍旧需要依靠人力完成的工作几乎无法给劳动者提供体面的工资，而且这些工作正逐渐交由劳动力成本较低的国家来完成，如图1.4所示。

表 1.1　职业和 21 世纪工作

任务种类	任务描述	职业范例
常规型	基于规则　重复性　程序性	会计　流水线工人
体力型	环境适应性　人际适应性	卡车司机　保安　服务员　佣人和门房
复杂思维和沟通型	解决抽象问题　思维灵活性	科学家　律师　经理人员　医生　设计师　软件程序员

资料来源：改编自 Autor，2007。

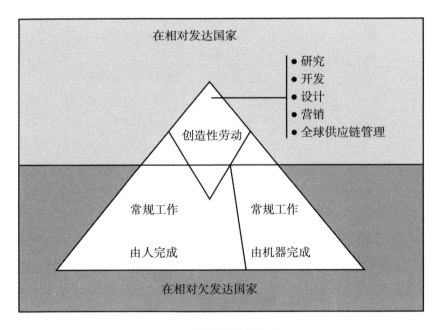

图 1.4　21 世纪工作的未来

资料来源：美国教育与经济研究中心，2007。

现在，全球教育系统，必须尽可能多地培养满足图 1.4 中最上层职业需求的人才,这些岗位是当下和未来的高薪性知识工作,要求从业者具备综合技能、专业技能和创造力。而未来的许多工作在当下还尚不存在!

如果所有这些变化还不够充分,那么现在的在校生从18~42岁期间有望拥有11种以上不同的工作。[4]我们尚无从得知42岁以后岗位还会有多少变化,但随着人均寿命的增长,人在一生中从事的工作总数可能会翻倍,达到22种,抑或更多!

可以肯定的是,以下两套基本的技能组合势必成为21世纪最重要的职业要求:

- 快速获取并应用新知识的能力。
- 掌握如何在项目中运用21世纪基本技能,即解决问题、团队协作、技术运用、沟通、创新等能力。

为了能够深切体会学习和教育在人们的生活中正占据着举足轻重的地位,就让我们来回顾一下过去以学为首的教育发挥着什么作用,以及究竟是什么力量驱动着教育的变化。

⬡ 鉴古知今

目前,全球有近15亿儿童在接受中小学教育,这一数字约占全球学龄儿童总人数的77%。[5]

即使仍有300多万名没机会接受基础教育的学生(大部分是女生)未被纳入其中,15亿已是一个惊人的数字。试想一下:每天早上太阳升起,全球各地的家长们叫醒自己的孩子,督促他们洗漱完毕,穿戴整齐,吃过早餐(希望是这样),随后从家里出发准时到达学校。整个学年,始终如一。

教育为何如此重要，以至于全球各国几乎都设立了正式的教育系统？为什么联合国宣布接受教育是所有孩子的一项基本权利？[6]

家长、教师、企业、社会机构、政府和整个社会分别希望从教育中获得什么？随着时间的流逝，这些希望是否发生了改变？

在这个时代，探寻这些问题的答案能够帮助我们理解教育的正确目的和功能。

教育的历史作用和目标

据了解，今日的教育系统遵循的是农历中的季节（学生们暑假停课干农活）、工业的时钟（以铃声代表上下课，每节课50分钟）和中世纪发明的一系列课程（语言、数学、科学和艺术）。在我们探究教育在现在和未来的意义之前，不妨先简单地回顾一下教育是如何发生的，以及在过去发挥着怎样的功能。

农村乡野的单室学校、工业闹市中的拥挤课堂、邻近高科技园区的崭新学校，这三者之间有什么共同之处？我们期望这些学校能够给我们的孩子带来什么？一直以来，我们希望教育给我们带来什么呢？

在社会发展进程中，教育的四个作用是：它能够使我们出色地完成工作并为社会作出贡献、锻炼和发展个人才能、履行公民责任、弘扬传统和价值观。这些便是我们对教育的"伟大的期望"，是我们投资教育后希望收获的巨大财富。换句话说，这是我们希望我们的孩子受过教育后达到的四个基本目标。

时光流逝，这四个目标依然未曾改变。这就像美国心理学家亚伯拉罕·马斯洛（Abraham Maslow）提出的"需求层次理论"一样，五种需求按层次逐渐递升，即先有物质需求，才有安全和社会需求，接着是获得尊重和求知需求，最后是自我实现和自我超越。[7]

然而，在不同的时代，人们实现这四种需求的方式截然不同，如表1.2所示。

表1.2 不同时代的社会教育目标

教育目标	农业时代	工业时代	知识时代
出色地完成工作并为社会作出贡献	为家庭和社会生产更多粮食 为基础需求创造工具和手艺 加入当地的小农经济	以专门知识服务社会 运用工程与科学技能，为工业发展作出贡献 为生产和分配供应链作出贡献	为全球信息和知识工作作出贡献 发明新型服务以满足需求并解决问题 加入全球经济
锻炼和发展个人才能	条件允许的情况下，学习三项基本技能（3R，读、写、算） 学习农耕和手工艺 使用工具创造实用的手工艺品	具备基础的读写能力和计算能力（人员基数越大越好） 学习生产、贸易和工业操作技能（大多数人） 学习管理和行政技能、工程和科学技能（少数拔尖者）	学习技术知识和使用生产工具提升自己 随着中产阶级的壮大，抓住全球机遇开展知识工作和创业 使用知识工具和技术终身学习，开发才能
履行公民责任	帮助邻居 满足当地农村需求 支持必要的当地服务和社区庆典活动	加入社会与公民组织以造福社区 参与有组织的劳动和政治活动 通过志愿者活动和慈善行为促进当地和区域公民素质提升	线上线下参与社区决策制定和政治活动 通过线上社区和社交平台参与全球性议题 使用现代通讯和社交网络为当地事业和全球性事业发展投入时间和资源
弘扬传统和价值观	将农耕知识和传统传授给下一代 以父母和祖先传下来的民族传统、宗教传统和文化传统熏陶后代	学习前人留下的贸易、手工艺或其他专业知识，并将它们传授给后代 在城市生活的多元传统中独树一帜、别具一格，保护自身的文化和价值观 随着通讯和交通的便利，开展文化和地域交流	快速习得某一领域的传统知识，并将其理念应用到其他领域，以创造新知识和新发明 对多元文化和传统兼容并蓄，构建自身文化和传统的独特性 体验多元传统及多元文化融合新旧传统、价值观和全球公民素养，并传给后代

在农业时代，耕作是社会的主要工作（虽然现在很多地方依然如此），为社会作贡献意味着学习如何多生产粮食，而不仅是以全家温饱为目标。教授孩子们农村生活的知识、传统和手艺至关重要，因为这是基本的生存需要。孩子们跟随父母和其他家庭成员在田间耕作，因此，除耕作技能以外的教育对他们来说并非当务之急。公民责任演变为当你的邻居或同村村民有需要时，尽你所能去帮助他们，反之，当你有需要时他们也会伸出援助之手。这样的社会契约简单而又实际。

在工业时代，随着人口大规模从农村迁移到城市，人们放下锄头，走进工厂，教育在社会中发挥着全新的功能和作用。通常来说，人们有一到两条职业发展路径：一是做买卖、进工厂、当文员，二是如果个人素质合乎标准，达到要求，则可成为管理人员、行政人员或专业人员。当然女性的择业选择相对少得多。

对于工业化来说，最真切的挑战莫过于尽可能多地培训工厂和工人。因此，标准化、统一化和大批量生产对工厂和学校的重要性不言而喻。那些有幸担任管理和专业工作的人则能获得特别的学习机会来开发他们的潜能。

作为工业增长的新动力，工程与科学技能颇受欢迎。同时作为维持大工业中心正常运转的必要元素，管理能力和经济能力也很重要。市中心区域慢慢变成文化大熔炉，人们渐渐接触到（并最终越来越包容）与己相异的传统和文化。

教育在 21 世纪的功能

以上变化引领我们来到当下的时代，我们称之为知识时代。在这个"扁平"的世界中，知识工作联系密切，全球市场互联互通，全球公民远程相连，文化传统兼容并蓄，因此 21 世纪要求我们对教育和学习的目的作出全新回应[8]（见表 1.2）。在知识时代，脑力劳动取代体力劳动，电子赫兹淘汰了机械马力。我们开发了用于通讯、协作和学习的强大的技术，这些技术将助力我们最终实现知识时代下的教育目标。因为在每个人的一生中，学习永远占据核心地位。

为工作和社会作出贡献。

在21世纪，想要成为一名杰出的贡献者，需要你能够快速习得某一领域的核心知识，同时广泛涉猎适用于工作和生活的基本学习技能、创新技能、技术技能以及职业技能。当你将这些技能应用于今天的知识创新工作时，你可能就融入了一个全球性网络，例如，一款商品可能在加利福尼亚州设计，在中国制造，在捷克组装，然后在全球各国的零售店售卖。

这个涉及经济、技术、政治、社会和生态互联互通的全球性网络着实令人惊叹。来自全球各地的团队和我们一起同舟共济，扎实肯干，攻克难关，创造并提供新型服务。虽然地球上的经济体相互依存，但本质上都是依靠全球的自然资源和人力资源，因此我们必须坚定不移地开拓双赢的新契机，既能保护我们的自然资源，又能创建一个更加和谐安定、文化富足、具有创新性的社会。

锻炼发展个人才能。

目前，全球仅有77%的学龄儿童能够有机会接受教育，因此，要实现普及基础教育的目标任重而道远。在当今的经济大环境下，各国都在加大教育投入，这是大势所趋。最终，会有越来越多的学生从中受益，获得更多锻炼才能的宝贵机会。

今天，全球智能手机的使用量约20亿台，互联网正势不可挡地进入家庭、学校、社区中心和网吧。这也为我们提供了学习和发展技能的机会。

作为人类思维和交流的放大器、储藏室和感官的延伸，数字设备和互联网日渐成为当下人们培养能力、展示才能的强大工具。普及这些强大的工具，填补信息富有和信息匮乏之间的数字鸿沟，学习者们会有更多的机会大展拳脚。如此一来，各地的人们都能够为各自所在的团体、经济体乃至整个社会的兴旺和繁荣贡献出各自的特殊才能和天赋。

履行公民责任。

在传媒手段日益丰富的今天，网络连接前所未有地便利，我们能够更近距离地接触到国际议题、事件、观点和对话，在民主决策的制定上，人们拥有知情参与权。这得益于邮件、互联网和智能手机，人们能够轻易地与志同道合的朋友联系，亦能够更轻松地协调社会、公民和团体活动。

同时，人们需要关注大量信息（这些信息的质量参差不齐，有的精准可靠，有的则差强人意，甚至具有故意误导他人的嫌疑），有可能导致严重的信息超载、信息干扰和信息分析瘫痪。学会管理数字的工具，将批判性思维和信息素养技能学以致用，这将是21世纪的一项重要挑战。

作为世界上第一位竞选和上任都在网上的总统，贝拉克·奥巴马已证明：强大的技术能够帮助个体化的公民参与这个时代的政治话题和变化进程。而在许多方面，我们只是刚开始懂得如何使用线上社交技术，通过合作的方式解决问题、建设团体或采取政治行动。

传承传统和价值观。

学习某一个领域的核心理念和传统，融合其他领域的知识和实践，发明和引进新知识、新服务和新产品，这将会是21世纪的一项高需求技能。

全球人口间的流动、移民、通婚以及全球范围内就业机会的增多，也带来了另一种融合，即全球各团体的文化多元化越来越突出。虽然这种多元化令我们的团体更加活力四射、丰富多彩，然而传统文化和现代价值观之间的差异仍是导致世界形势紧张的一个阻碍因素。

在当今时代，我们每个人所面临的挑战是如何在全球多样化的传统中独树一帜、别具一格，挖掘出自身传统的优势。同时，对其他不同的认知和价值观兼收并蓄，有容乃大。

随着我们置身其中的全球传统和价值观不断丰富壮大，维护社会和谐的道路变得愈加崎岖，尽管如此，创建一个更加富足、更具创造力和活力的社会的机遇也前所未有地增多了。

经过数十载的沉淀，知识时代的到来为21世纪的历史翻开了新篇章，它已经永久地颠覆了工作、学习和生活中的需求和价值平衡。在21世纪，终身学习的理念会继续生根发芽。

幸运的是，为完成学习转型，满足时代需求，大批强大的国际力量正汇聚在一起，相互支持，携手共进。

第二章

完美的学习风暴：
四股会聚力

汽车是现代文明的象征。在过去数十年里，汽车设计和汽车制造的发展历程揭示了时代的变化，这一点在下页的历史小故事《祖孙三代的改变》中展现得栩栩如生。

安妮塔（Anita）、彼得（Peter）、李（Lee）祖孙三代的生活、学习和生活模式映射着他们各自所处的时代。那么，是何种社会力量使得李的世界与他的父亲和祖母的世界截然不同？在瞬息万变的21世纪中，这些变化的力量又将会如何重塑我们的学习、工作和生活呢？

如图 2.1 所示，四股强大之力正在会聚，并带领我们掌握适用于 21 世纪生活的学习的新方法，它们分别是：

- 知识劳动。
- 思维工具。
- 数字化生活方式。
- 学习研究。

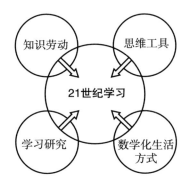

图 2.1　21 世纪学习会聚力

这四股强大之力同时开辟了 21 世纪学习的新形式，并为支持 21 世纪的学习实践提供了所需的工具、环境和指导原则。

祖孙三代的改变

安妮塔将大部分的工作时间都花费在汽车流水线的车内顶灯安装上。虽然工作内容枯燥，工作环境嘈杂，但是在 20 世纪 40 年代到 50 年代，安妮塔凭借这份工作攒到了儿子彼得上大学的学费。虽然她自己并未上过大学，但是她对儿子寄予厚望，相信教育能够给他带来更好的生活。

还是孩童时，彼得就痴迷于机器人，他热爱科幻电影和连环漫画册，当然还喜欢汽车。随后，他在附近的大学里修读机械工程专业，成绩优异，并在毕业前完成了一项毕业设计，毕业时找到了一份设计和维护机器人装配臂的工作。恰巧，他工作的单位正是他母亲曾工作过的汽车工厂。

安妮塔戏称她的饭碗要被抢了，她的儿子正在"用机器人取代她"。从 20 世纪 80 年代到 90 年代早期，这家汽车工厂一直采用自动化完成常规工作，因此，安妮塔需要完成的常规工作逐渐减少，而需求越来越多的是像彼得所从事的高技能型工作。

彼得的儿子李从小热爱动物和大自然。他还喜欢在父亲的商店里给宠物仓鼠、乌龟和鱼搭建新窝。作为一名大学设计专业的学生，他最终成为一名活跃的环保主义者，致力于设计环境友好型产品，他尤其关注汽车产业的环保，因为汽车产业已经成为他家庭生活的重心。

2008 年年末，全球金融危机使汽车行业遭受重创，甚至连彼得都不得不重新寻找新工作。此时，李在逆境中创立了一家名为 Suncar 的新公司，专门为用太阳能电池板充电的插电式混合动力汽车设计零件，经营情况良好。

和大多数创业型企业一样，李的工作强度大，节奏快，所以他经常忙到深夜。他需要和一个成员遍布全球的设计团队完成线上的项目合作，这对他来说着实挑战不小。但是李深知未来就是这个样子。他致力于设计全球最顶尖的绿色环保车辆,希望地球更绿色、更健康,更适宜人类的居住。

从以上这个故事呈现出的三代人发展的历史轮廓中,我们不难看出这些强大之力是如何出现并改变人们的工作和学习的。从安妮塔到彼得再到李,每一代都接触到了更多数字设备,使用更多高端技术,以更完善的协作方式完成工作,工作性质也渐渐从常规型、体力型转化为抽象的知识型和以设计为导向型。

如今,在李所处的时代,针对人类如何真正学习和发展,学者们近期开展了相关认知科学和神经系统科学的研究,这为重塑全球各地的学校教育和工作培训迈出了重要的一步。

本章节将会带您更深入地了解每一种会聚力,挖掘这些会聚力对今天和未来的学习所产生的影响。

○ 知识劳动

如前所述,21世纪已经为人们的工作领域带来了历史性的变革。知识时代需要源源不断的高素质劳动者,他们必须利用脑力劳动和数字化工具,将卓越的知识技能运用于日常工作中。

目前的知识劳动多由团队协作完成,团队的成员们通常分布在不同的地方,他们需要使用大量数字化设备和服务协同完成项目工作,这些设备和服务包括:手机、基于IP通讯的网络交流、电话会议、网络会议、便携式电脑、个人数字助理、数据库、电子表格、日程和通讯录管理软件、电子邮件、短信、网站、在线合作平台、社交网络工具等,可利用的设备和工具还在持续增加。

当今社会需要知识劳动者创造能够解决实际问题、满足客户真实需求的新产品、新服务，这正是21世纪经济增长和工作发展的一个主要推动力。

高素质人才的短缺，尤其是科学、技术、工程、数学等技术领域（即所谓的"STEM"项目）的人才短缺，已渐渐成为商业领导人日益关切的问题。这一需求带动了全球性的人才交易，与此同时，争议也日益激化，例如怎样以特殊签证引进外籍高素质人才，怎样将部分工作外包给印度和中国等劳动力成本较低的国家。

许多高科技公司掷重金投资全球项目，以吸引毕业生进入技术领域，并培训他们掌握专门技能，获得相应的认证。在全球范围内，一些跨国公司开始在教师的专业发展和学校的数字化配备上投入资金。在未来，全球将会有不计其数的知识劳动者培养途径或渠道。

简而言之，全球教育体制急需改革，教育应致力于培养知识劳动者和创新者。在21世纪知识型经济体中，这些人才将会带领各个企业走向成功。

○ 思维工具

一名知识劳动者所掌握的技术、数字化设备与服务是这个时代的思维工具，这些工具可能是促进21世纪革新的最强力量。如今，信息和通讯技术问世的速度着实令人惊叹：

- 计算机芯片的处理速度每18个月会翻一番。普通手机的平均信息处理能力已超过用于计划和实施早期航天任务的所有计算机处理能力的总和。[1]
- 我们储存的数据密度每12个月会翻倍。目前，一个单一数字盒式磁带能够储存美国国会图书馆的1.4亿本书籍、照片、电影和其他文档。[2]
- 光纤传输的信息总量每9个月会翻一番。通过一根头发丝一样的光纤，所有的书

籍可以在几秒钟内传输完毕。³

随着信息字节的处理、储存和传输能力的迅速增长，人们可以在弹指之间快速获得地球上大多数可利用的信息。例如，2008年7月，谷歌宣布自己达到了一个新的里程碑：互联网搜索引擎可以索引出1兆网页供用户使用。当时有人曾预计，到2010年，新技术知识的总量将每隔72个小时翻一番。⁴

信息和知识以铺天盖地之势向今日的学生袭来，他们将如何进行管理并学习这些信息而不被信息淹没呢？

过去，对学生来说，记忆一门学科中的大量已知事实、规则和数据是一个很有挑战性但又必不可少的学习过程。然而，在信息爆炸的今天，企图记住某一领域里的大量事实和知识是不可能的。而得益于快速的互联网搜索功能，人们能够"记忆"大量事实，所需要的事实也能够在弹指之间唾手可得。

然而，知晓某个领域的核心知识，理解其基础原理，运用这些知识去解决和回答新问题，这些都是永不过时的学习任务。我们的学校应当将传授这些学习技能作为课程的核心。

思维和知识工具帮助我们学习、工作和创造，但是这些工具也有许多不利的影响：手机的噪音此起彼伏，导致环境嘈杂；邮件、短信堆积如山，需要回复（垃圾邮件和广告邮件扰人心神）；数不胜数的文件格式要求统一，无穷无尽的软件推送要求更新；还有软件崩溃、隐私泄露风险、身份盗用；等等。此外，信息的质量也令人担忧。我们所获得的许多信息都属于谣言、个人观点、伪装成网页内容的营销文案，或是其他不可信的材料。

尽管如此，随着技术的日新月异，数字化工具给我们带来的好处似乎远超其弊端。随着用于思考、学习、交流、协作和工作的数字化工具越来越强大，知识劳动的思维过程（获取、搜索、分析、储存、管理、创造、交流信息和知识），变得越来越便捷、高效，并逐渐发展为一个强大的一体化系统，便于人们使用。这些 21 世纪的新事物正帮助越来越多的人以高效和创新性的方式满足时代的需求。

数字化生活方式

无论你称呼他们为"数字原住民""网络一代""网民""现代人"抑或是其他，毋庸置疑的是，首批从小"浸泡"在数字媒体环境中的人（年龄为 11～31 岁之间）和后天学习"运用技术"的"数字移民"是有所不同的。[5]

例如，在 1975 年，普通家庭的媒体环境平均包括"信息产品四大产物"（电视节目、新闻、广告和广播节目），且这些产品依靠仅有的五条路径（广播和电视、收音机、电话、邮件、报纸）进行传播。那时，视听设备仅限于电视、广播、立体声响设备、电话和报纸，储存设备也只不过是从报纸到黑胶唱片，再到磁带而已，磁带又可分为卷盘磁带、八轨磁带或是盒式磁带。[6]

今天，上述每种分类所包含的内容越来越多，基本是原先的 2～4 倍。不妨细想一下从 1975 年就开始普遍投入使用的下列新发明：

有线电视	即时通讯
便携式摄像机	互联网（网页、博客、新闻组、网上聊天）
CD 和 DVD	手机（包括苹果和黑莓手机）
苹果音乐播放器（iPod）和 MP3 播放器	记忆棒
数字视频录像机	线上储存器
DVD 播放器和驱动盘	个人数字助理（PDA）
电子书阅读器	个人笔记本电脑

电子邮件	卫星电视和广播
游戏机控制台	短信息
硬盘驱动器	录像机

毫无疑问，以上产品刚列出就不完整了，因为新型数字化设备进入和退出市场的速度太快了。相比之下，在家庭数字环境中，这些设备以多种多样的方式互联互通，令人眼花缭乱。

稍加思考，我们将会发现1975年和今天的另一个区别。那时，设备的用途趋于单一化，人们获取信息内容的方式和场所选择其实并不多（音频、视频和印刷品）。报纸、杂志等纸质媒体传递丰富的信息。而今天，电视、音乐、线上内容、传统印刷品和个人通讯都能够在多重便携式设备上供人们传递、观看、聆听或阅读。

难怪从出生就在"字节"中浸润和成长的网络一代和他们的父母截然不同。[7] 这得益于信息通讯的日新月异，他们的能力大幅提升，能够执行多重任务，搜索网页、聆听音乐、更新博客、制作网页、拍摄电影、玩电子游戏以及用手机给朋友发消息，然而，这个时代带给他们的还远远不止这些。这些年轻人是历史上第一代比较了解最强大的社会革新工具（数字信息和通讯技术）的人，他们的长辈们（父母和老师们）远不及他们。这推动着家庭和学校发生改变，学生们转变角色，变成了数字化的导师，而老师和家长们时不时地变成了这些年轻的数字化导师的"兼职"学生。

网络一代终身"沉浸"在数字化环境中，这令他们萌生了一种全新的渴望和期盼。日前，逾1.1万名年龄在11～31岁的受访者参与的一项研究结果显示，参与者们在共同态度、行为和期盼共8项内容上明显不同于他们的父母。[8] 具体内容如下所示（对那些生活在20世纪60年代的前辈来说，这些几乎是

"奢望"）：

- 自由选择适合自己的东西，自由表达个人观点和自我认同。
- 具备个性化和量身定制的能力以更好地满足自己的需求。
- 具备推敲能力或细节剖析能力，挖掘事情的真相。
- 真诚率真地与他人互动，公司、政府和机构都透明公开，廉洁诚信。
- 能够将娱乐和玩耍融入到工作、学习和社交中去。
- 协作和人脉不可或缺。
- 沟通、获取信息，提出问题和信息后得到快速的回复。
- 对待产品、服务、雇主、教育、个人生活时富有创造性。

这些网络一代的新期盼折射出他们对教育体制的全新需求，这些需求来自教育的客户和消费者，即日益壮大的网络时代的学生队伍。"一刀切"的工厂模式和单向的知识传授模式对这些学生不再起作用。为了激发全球各地网络一代的学习热情，人们需要探索新方法，让学习具备互动性、个性化、协作性和创新性。

学习研究

过去 30 年，教育领域掀起了一阵变革热潮，这股热潮改变了人们对如何学习的认识。这股"学习如何学习"的热潮与网络一代学生的新期盼相一致，符合知识时代的新需求和新方法。[9]

正如后续章节将讨论的那样，从学习艺术的研究中得出的五大核心发现（如下所列），能够用于引导和指导我们如何重塑学习，以满足时代的需求[10]：

- 实境学习。
- 搭建心智模型。
- 内在动机。
- 多元智力。
- 社交学习。

实境学习

环境，或学习活动发生的情境或场景（人物、对象、符号、环境，以及它们如何协同运作支持学习活动）对学习效果的影响比人们之前所想象的更具影响力。[11]

将所学知识从一个情境转移到另一个情境（例如从课堂转移到真实世界）通常都无法成功。在一场考试中做关于超市的数学题不同于在真实的商店里算三种不同类型、不同大小的洗衣皂的不同价格。习得一种新技能或新知识的场景，强烈地影响着这种技能或知识能否被运用于别处。

用多媒体模拟真实世界中的环境或通过实战演练身临其境，即营造一个更加真实的学习环境，会提高课堂效率，增加知识和技能被运用于其他相似情景的机会。[12]

这一发现表明，为了令学习效果持久且实用，学生需要更多实战解决问题的机会，在真实工作场景中见习或实习，或其他更加真实的、学以致用的学习经历。

搭建心智模型

一直以来，人们都在探索人类是如何搭建心智模型，如何将新经历整合到这些模型中，以及如何不断改良这些模型的。[13] 起初，基于经历（地球看上去肯定是平坦的），我们会得出不准确的心智模型，待获得了新的经历，并发现与原先的认识不符后，我们会进行调整（哇，从太空拍摄的照片看，地球就像一块漂浮着的巨型蓝白相间的大理石）。心智模型的搭建和改良，以及我们如何在头脑中将心智模型联系起来（形成我们对世界的系统看法），是学习的大部分内容。[14]

理解从以往的经历中学到的知识——根据当前最新版本的心智模型进行确认是学习过程中重要的第一步。不幸的是，当我们教授新材料时总是匆匆忙忙，常常忽略帮助学习者反思目前的心智模型，而这恰恰是关键的一步。[15]

搭建并使用外部模型，无论是现实模型（木头或乐高积木、机器人零件等）还是虚拟模型（纸上或屏幕上的画作、"模拟人生"或"孢子"等计算机仿真产品、类似于"第二人生"的虚拟世界、电子游戏等），都能帮助我们构建并进一步发展我们的心智模型。

无论是真实的（亲自参与）还是虚拟的（在屏幕上展现）建模活动都有利于思维的形象化，反映出人们正在脑海中进行的心智模型搭建和学习。[16]

内在动机

大量有关情商的研究和报道明确显示：内在动机给学习带来了很多好处，这与由追求父母认同或追求考试高分等的外在动机而引发的学习行为截然不同。[17] 当人们对正在学习的内容产生了个人情感联结——感同身受或带有疑问——学习能够更加持久，理解会更加深刻，习得的知识也能够掌握得更扎实。[18] 有研究显示，在迎合学生兴趣和热情且设计精良的学习项目中，学生的内在动机能够大大激发其积极主动性，使他们更好地理解知识并渴望学习更多新知识。[19]

多元智力

在人脑中，天生的那部分智力究竟是什么？[20] 就这个问题的争论一直在持续，但可以肯定的是，能力的表现不止一种形式，智力也是由各种各样的行为体现出来的。为了提高学习效率，就必须鼓励发展多元学习方法，以与各种学习风格相匹配，并提供多种手段以让学生表达他们的想法。[21]

如何使学习个性化，如何在不同的课堂上使用不同的教学方法，这是21世纪教育面临的两大挑战。有证据表明，个性化的学习对学习表现和学习态度都产生积极影响。[22]

随着学习技术的不断发展（如"通用学习方法和工具的设计"等的问世）[23]，我们现在能够满足学生个性化的学习，以照顾到每个学生的能力与不足，满足每个学生的学习风格、学习偏好以及个人特有的天赋和能力。

社交学习

从古至今，所有的知识都是由前人多年积累而来，因此从很多方面来看，所有的学习都具有社会性。哪怕你只是在读一本书或者浏览一个网页，也都是一种社会行为，因为这种行为使你与影响作者思考和写作的人建立了联系。

据了解，面对面合作和线上虚拟合作都能够激发学习者的学习动机，提高其创新能力，发展其社会和跨文化的相关技能。[24] 如果一个学习者与一众志同道合的求学者分享知识，探讨问题，交流技术，共同进步，对某一事物满腔热忱，这正是成年人身处工作团体之中或是参加专业实践时的学习方式。[25]

目前，人们可以利用种类繁多的线上交流工具和环境以支撑社会的、合作的以及团体形式的学习。而得益于四通八达的互联网，今天的学生可以学到全球范围内的知识，与全球的学习者们互联互通，相互学习。

○ 学习阻力

知识劳动、思维工具、数字化生活方式和学习研究汇聚在一起，构成了一个"完美的学习风暴"，并且引领着新的学习方式（第七章会详细说明这一问题）。不过，虽然 21 世纪学习模式的会聚力日增月盛，却仍有几种力量在阻碍这些变化的发生：

- 专注于发展大众教育的工业时代的教育政策仍大规模实施（在时代更迭之前是有效的）。

- 健全的教育问责制和标准化测试系统，主要用于评估阅读和数学等学科的基础技能表现（但是目前忽略了对 21 世纪技能的评估）。

- 基于直接教导对学生进行知识传播的教学实践在过去几十年（或可能几百年）内发生巨大改变（虽然全球的师资力量不断壮大，教师们想多了解如何通过发现、探索和项目学习等方式帮助学生们构建和运用知识）。

- 教育出版业的施压，目前这个产业仍然依靠教科书的销售获得收入（许多个体企业有意向为生产灵活的全数字化教学内容转型）。

- 一些教育机构心存忧虑，担心从以书本知识为核心的传统教学逐渐转型为以技术能力为核心，传统教学努力获得的成果会因此被破坏（虽然普遍来说，内容知识和技能总是协同而生——也就是说，没有知识对象，学习者就不可能拥有批判性思维或学会与人交流）。

- 有些家长在孩提时代接受了传统的教育方式，成年后在各自领域事业有成。因此为人父母后,他们更希望自己的孩子接受和自己同样的教育。他们希望自己的孩子在学校测验和考试(其类型与家长自己在校学习时的考试一样)中能够同样出色地作答,不愿看到学校拿他们的孩子做革新的试验品,因为这样可能会阻碍孩子的成功(他们未能预见到新的学习方式的需求,即教授21世纪技能与他们日常工作中所用到的技能密切相关,虽然他们的内心也希望孩子能够习得这些技能)。

尽管阻力重重,但是支撑21世纪学习模式革新的力量正在全球会聚,并逐渐逼近最后的成功。每年都有越来越多的学校和团体在采纳21世纪学习方式,我们正加速打造21世纪教育的新平衡。

○ 学习的拐点:实现新平衡

新加坡以教育体制现代化和学生取得的高水平学术成果而闻名于世。然而,在向21世纪学习系统转型的进程中,新加坡仍然任重而道远。

新加坡教育部课程规划与发展司副司长林泰莱(Tay Lai Ling)曾说:"我们走了很长一段路才使我们的教育和学习方法有所改变,但是还有更长的路等着我们。我们教育部有一句新口号,希望鼓励更多的改变发生。这句口号是:'少教,多学'。"

新科技基金会是一个快速成长中的高中项目学习网络,主管基金会战略规划的鲍勃·帕尔曼(Bob Pearlman)深有同感,他认为实现21世纪学习模式既是一种鼓舞,又是一项挑战:"新技术基金会庄重宣告其使命为:'为21世纪而重塑教与学。'这是一项巨大的挑战,尤其是要找到合适的教师,然后再培养、指导、支持他们开发有效的教学项目,以帮助每个孩子在掌握基本知识的同时,理解并获得基本技能和21世纪技能。然而,无论是来自城市还是郊区乃至乡村的孩子们，这些项目都适合他们，而新技术基金会的重点就是针对那些出身贫困的孩子。我想不出还有什么比帮助孩子为在现实世界中取得成功作好准备更加重要的事情了。"

这些学校在实现21世纪学习的新平衡中做了什么？这种新的平衡会是什么样子的？这些变化对每天待在课堂中的教师和学生又意味着什么呢？

图2.2列举了各种教学和实践的种类。教育界正在采取新的学习方式以满足21世纪的需求。全世界的学校、社区、州、省、教育机构和教育部门正努力转变做法，并逐渐开展倾向于图中右侧所指向的实践活动。

以教师为主导的	以学习者为中心的
直接教学	互动式学习
知识	技能
内容	过程
基础技能	应用技能
事实和原则	疑问和困难
理论	实践
课程	项目
分时式	按需式
一刀切	个性化
竞争型	合作型
课堂	全球团体
基于文本	基于网络
终结性评估考试	形成性评估考试
为学校而学	为生活而学

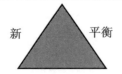

新　　平衡

图2.2　21世纪学习平衡

请花些时间仔细思考一下21世纪对教育的所有新需求。我们面临着新的全球知识经济所提出的新要求，面临着知识劳动、数字化工具和数字化生活方式和现代学习研究共同产生的新需求，还面临着对时代最急需的技能的需求（即具备问题解决能力和沟通能力，创新精神和革新精神，团队合作精神和灵活处事能力等）。

看着图2.2的21世纪学习平衡图表并扪心自问：我们真的只培养出完成图表左侧学习实践和方法的学生吗？这些曾经都是风靡一时的教学和学习方式。但是，它们真的能够培养出在本世纪能取得成功的学生吗？

我们需要明白的是，上图所展现的两两结对的学习实践并非水火不容、非此即彼的教育选择。每一行的内容都应是彼此不离，从而形成兼收并蓄的学习实践。例如，专注于应用技能和学习过程并不意味着放弃基础技能的教学，或不学习书本知识与事实。两两结对共同发挥作用，使每位学习者实现新平衡。欲在某一领域变得游刃有余，你不仅需要发展知识和技能，还要运用相应的知识解决这一领域中专家才能解决的问题和困难。

有些教师正在转变教学实践以满足时代的需求，他们谈及了如何在传授书本知识时传递思想观念。当他们在扮演"讲台上的好老师"（传道授业解惑）和"学生身后的指导者"（支持学生们在项目学习中开展研究、探索、分享研究成果）时，如何寻找这其中的平衡。正如一位教师曾说到的，"我必须忘记教学是传授我自己的内容，认识到教学的关键是培养学生们的思维和技能"。

数字化技术正不断为图表中的许多学习方式提供支持。它们有利于一些基础技能的培养，例如，回忆数学原理和步骤、拓展语言学习中的词汇、科学术语和原理的内在化。学习技术的发展还集中体现在要求学习者之间在互动时使用更多的21世纪技能；同时，它们也为学习者提供工具，帮助他们在网上强化自身的合作技能、沟通技能、领导力、社交和跨文化技能。

取各种学习实践之精华才能成功培养出在未来"任凭风浪起,稳坐钓鱼台"的学生。而随着 21 世纪的发展,图表右侧的学习方式也变得越发重要。教育平衡正发生转变,一种全新的教学和学习平衡正在走进世界上的各个学校,更好地满足时代和未来的需求。在本书的第三部分,我们会深入探究这些新的学习实践。但是,我们首先要在第二部分聚焦于学生欲在 21 世纪中取得成功,需要具备哪些技能。

○ 21 世纪最大的挑战

教育的主要目标,即让学生为服务于工作和生活作好准备,这已经成为本世纪我们面临的最大挑战之一。事实上,有了教育,解决温室效应、治愈疾病、消灭贫困等时代重大问题也就有了希望,因为每位公民接受教育之后,能够为解决共同问题贡献自己的一份力量。

在我们的时代,为工作和生活而学习意味着帮助尽可能多的学生学会运用 21 世纪技能,准确理解时代内核,迎接时代挑战。

对于每位学生来说,21 世纪教育是首要挑战,一旦解决了这个难题,所有其他时代的问题都能迎刃而解。

第二部分

何为 21 世纪技能

第三章

学习和创新技能：
学习共同创新

在过去，教育的主要任务是让学生掌握每个学科领域的重要内容，然后在学期末以考查和测试的形式评估知识的掌握情况。以科学学习为例，学生首先可能会学习元素周期表，然后在考试试卷上写出 H、Na、Cl、Fe（氢、钠、氯和铁）所对应的元素和其他元素符号的意思，以及它们在周期表的什么位置等其他相关信息。

P21 学习框架扩展并深化了这一早期模型，使其更加适用于我们所处的时代。首先是大多数学校都有的传统核心学科，通常包括阅读、写作、语文（母语）、外语（第二或第三语言）、数学、科学、艺术、社会学科和地理、政府与公民和历史。其次是 21 世纪学科主题，包括金融、健康和环境素养，最后才是 21 世纪需求最为紧迫的三组技能。

在进入正题之前，我们先来看看引文中有关"SARS 项目"（没错，这里的 SARS 指的就是严重急性呼吸综合征）的报道。这是新框架在项目中行之有效的案例。

SARS 项目

SARS 网站（如图 3.1 所示，详情请点击 http://library.thinkquest.org/03oct/00738）是一个真实的学生合作项目的成果，该项目表明：当学生被现实问题和本章及后两章讨论到的大多数 21 世纪技能的学习设计推动时，学习所产生的效果会令人惊叹。

每年，全球各地的学生都在一个名叫 ThinkQuest（www.thinkquest.org）的知名网站上展开竞争，内容是学生们根据所在团队感兴趣的话题共同参与创建一个实用型的教育网站。

2003年,6名高中生就当时的社会焦点——严重急性呼吸综合征(SARS)的爆发,通过线上合作创建了一个网站。这6名高中生分别是来自马来西亚吉隆坡的建华(Kian Huat)、来自新加坡的明汉(Ming Han)、来自荷兰费赫尔的双胞胎巴斯(Barthe)和约里特(Jorrit)、来自开罗的阿米德(Ahmed)及来自贵城的范(Van)。

在竞赛中,每支国际化的学生团队要搜索话题、采访专家、撰写文章、设计网站外观(文字、图片、插图、动画和视频的布局排版)、编写程序来设计网站界面、导航、互动游戏和竞猜测试,总之,创建一个优质的教育网站需要完成的工作,他们样样都要做。团队成员们远隔重洋,身处不同的时区,因而他们必须利用好网络工具来规划、安排、交流并合作完成所有项目。

我们提及SARS项目的目的是详细展现学生们是如何掌握每一项21世纪技能的。该项目有关资料可在本书网站(http://21stcenturyskillsbook.com),或到甲骨文教育基金会网站(http://www.oraclefoundation.org/single-player.htm?v=2)上访问。

图3.1 SARS网站截屏

◯ 知识和技能"彩虹"

我们会在接下来的几章里多次提到21世纪知识和技能"彩虹",P21学习框架中一半以上的内容就是由它构成的(附录B将详细介绍21世纪技能合作组织及其21世纪学习框架)。这道"彩虹"展现了当今时代最理想的学习成果,包括传统课程学科主题学习和21世纪的技能学习。除传统学科之外,框架中还增加了与当今时代一些关键难题相关的跨学科的21世纪技能,如全球化视野(跨文化意识和对其认识)、环境素养(生态意识和对能源、资源可持续的认识)、金融素养(经济、商务和创业知识)、健康素养(医疗卫生、营养学和预防医学)和公民素养(公民参与、社区服务、道德规范和社会正义)。

21世纪最急需的是学习和创新技能,信息、媒体和技术技能以及生活和职业技能三套技能,它们将核心学科学习和跨学科的21世纪主题技能学习有机结合起来。

图3.2显示了21世纪知识和技能"彩虹"的结构和组成,即学生在21世纪想成功地工作和生活需要掌握的技能、知识和专长。

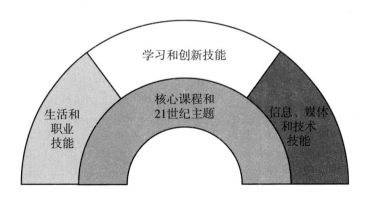

图3.2 21世纪知识和技能"彩虹"

○ 学会学习和创新

21世纪技能中的第一组技能集中于批判式学习技能和创新能力：

批判式思维和问题解决能力（专家型思维）；交际和合作能力（复杂型沟通）；创造和革新能力（应用想象力和发明）。

这些技能是使学习者在学习和创造性工作中终身受益的核心所在。正如第一章所述，新时代的工作要求更高层次的专家型思维和复杂型沟通。[1]这组技能中的前两项技能，即批判性思维和问题解决能力、交际和合作能力，是符合新时代要求的关键性的学习和知识劳动技能。

在21世纪，全球经济迫切需要更高层次的想象力、创造力和革新力，从而持续不断地为全球市场提供更加新颖优质的服务和产品。因此，上述所列的第三项技能，即创造和革新能力，主要集中于探索和发明。

这三项技能不仅能满足21世纪工作的新要求，同时也是长久以来人们成为独立的终身学习者的关键所在。提问一针见血，回答切中肯綮，辩证地分析别人的言论，会提出问题也能解决问题，在学习时与他人沟通合作，创造新知识和新发明，共建美好世界，这些都是学习和创新的主要内容。因此，我们既有永恒的普遍理由，也有紧迫的实际需求，把这三项技能列为21世纪技能学习的首要之选。

但是，在学习这三项技能时又会涉及哪些内容呢？

○ 批判性思维和问题解决能力

批判性思维和问题解决能力被许多人认为是21世纪学习的新基础。近期对认知学（思维科学）的研究动摇了一条确立已久的教学原理，即学习者在用好知识前必须先掌握好知识。研究结果显示，边学习边使用知识，将批判性思维、问题解决能力和创造力运用于学习中、知识中，能够激发学生的学习积极性，提高学习成效。

劳伦·瑞斯尼克（Lauren Resnick）和梅根·霍尔（Megan Hall）是国际知名的教学与学习认知科学学者，他们曾经写道，"我们现在知道的是，正如事实本身不会形成真知和思维能力一样，思维过程在没有思考的对象时也是无法进行的"[2]。

无论哪个年级，哪门科目，教学和学习必须致力于以知识为核心，对思维训练和知识的活用提出更高要求。[3]

此外，老师们在学校所采用的和著名的"学习分类法"[4]所推崇的学习顺序（大体分为知识学习—理解—应用—分析—梳理—评估），刻板呆滞、因循守旧，在过去几十年里，这一学习顺序已被证明并不是学生们高效学习的真正方式，在许多情况下，也根本不是学生们学习的真正方式。[5]

"学习分类法"的改进版采用了更新后的术语，如记忆、理解、应用、分析、评估和创造，但就像研究者明确指出的那样，"这些过程可以在学习中同时完成或是以相反的顺序来完成"[6]。此外，研究还显示，结合多种思维技能会提高学习成果。在丰富多彩、设计精良的学习活动和项目中采取创造、应用、记忆、分析、理解和评估的方法，会提高学习的效率和持续性。

在SARS项目中，学生们运用了所有的思维技能和学习技能。学生团队必须面对庞大的知识内容，包括SARS病毒的作用方式、该病毒影响人体的医学报告、预防和治疗该疾病最有效的方法、疾病病毒传播的数据和流行病学数据、社会和政府有关部门对疾病爆发的监控和应对。

该团队面临的难题是运用批判性思维技能——分析、解读、评估、总结、梳理所有信息，并将所得结果用于解决一个紧急性的问题：让其他学生通过快速了解该疾病，掌握如何在病毒爆发时自我保护，从而消除他们的恐惧。项目团队必须以独特的形式呈现研究结果，除了用脉络清晰准确的文字进行分析，还要用图片、动画、视频、互动游戏唤起学生们的浏览兴趣。

批判性思维和问题解决能力

学生应该有能力：

有效推理

- 根据实际情况采用相应的推理方式（归纳、演绎等）。

使用系统思维

- 分析整体中的个体如何相互作用，从而在复杂的系统中得出综合的结果。

作出判断和决定

- 有效分析和评估证据、论据、需要和信念。
- 分析和评估其他观点。
- 梳理、综合各类信息和论据。
- 解读信息，并根据最佳的分析结果得出结论。
- 批判性地反思学习经历和过程。

解决问题

- 结合传统方法和创新性方法解决各种疑难问题。
- 确认并提出有意义的问题以阐明各种观点，并得出更好的解决办法。

资料来源：21世纪技能合作组织。详情参见网址：www.21stcenturyskills.org。

SARS 项目团队所使用的许多技能，也属于 P21 框架所概述的批判性思维与问题解决能力的重要组成部分或者是次级技能。团队成员运用推理技能，以清晰的脉络阐述了 SARS 的爆发以及蔓延过程。基于医学、社会学的论据以及对各类专家观点的全面分析和评估，他们合理地区分出了信息的可靠与否。对疾病传播和预防方法有效性中的复杂和相关的要素，学生们用系统方法进行了分析，解决了大量的设计难题，并选择了最佳的方式与观众交流他们的发现，最终有效呈现了 SARS 的故事。通过本次项目，团队成员们的批判性思维与问题解决能力中的所有重要组成技能都得到了锻炼与培养。

这些思维技能不受时间影响，但当下用于评估、搜索、分析、储存、管理、创新和交流信息以发展批判性思维与问题解决能力的强大技术，令这些技能的影响力在 21 世纪发生重大转变。如今，学生可以通过电子邮件与专家联系，通过文字消息与学习伙伴交流，通过合作在网络上创建文档和网页。

各类探究性和问题解决的活动与项目都能够帮助学生习得批判性思维与问题解决技能（参见附录 A）。从引人入胜的问题和难题切入，通过有意义的学习项目（如 SARS 项目），学生的技能水平可以得到最有效的发展。越来越复杂的项目挑战有助于学生在日后夯实这些技能，本书的第三部分也会就这一方面进一步讨论。

○ 交际和合作能力

尽管教育一直关注良好交际能力的培养，如表达正确、阅读流畅、书写清楚，但数字化工具和时代发展要求每个人拥有更广范围、更深层次的交际和合作技能，从而促进共同学习。

在 SARS 项目中，分布在四个不同时区的 6 名团队成员在整个项目过程中共交换了近三千条消息。他们使用了许多不同的软件和网络工具在线创建和共享任务，在建立网站的同时不断添加、编辑和修改队友的作品。

实际上，成员们第一次真正见面是在旧金山"ThinkQuest Live"的颁奖典礼上。即使在网络中他们已共同战斗了无数个日夜，但他们见面时仍很生疏，花了大半天时间才熟络起来。网络上感受不到的口音、性格、风格、肢体语言和幽默感也都是到了面对面时才能真切全面地感受到。相处一周后，他们以全新的方式认识了彼此，聊得更加深入。他们的友谊也在此次会面后得以加深。

交际和合作技能

学生应该有能力：

清晰地交流

• 在各种场合和环境中，使用各种形式的口头、书面和非文字交际技能，清晰有效地表达思想和想法。

• 仔细聆听，解读有意义的事物，包括知识、价值观、态度和目的。

• 通过交际来达到各种各样的目标（例如通知、引导、激励或劝说）。

• 使用多种媒体手段和技术，并懂得如何判断它们的有效性，评估它们的作用。

• 在多样的环境中（包括多语种环境）有效地交流。

与他人合作

• 展示如何适应多样化的团队，如何在其中依旧保持工作高效、待人亲切。

• 发挥灵活性以实现共同的目标，为顾全大局而作出让步。

• 承担共同责任，重视每一位团队成员的个人贡献。

资料来源：21世纪技能合作组织。详见网址：www.21stcenturyskills.org。

SARS团队在项目中所使用的交际和合作技能很好地展现了次级技能如何促进团队成员有效地交际与合作。在创建网站时，为了实现有效合作，所有成员必须就内容和视觉设计交流想法，同时还需要听取成员们的意见。每个人使用各种各样的信息和交际工具，设计出高效优质的网站交流功能，同时与团队中的其他队员一起合作。在运用大量的P21技能时，他们正逐渐成长为娴熟的21世纪的交际者和合作者。

人们可以通过一系列的方法习得这些技能，但是最佳的学习方法是通过社会实践，直接与人交际与合作，当然，面对面或是线上通过技术进行交际与合作也可以。有些团队学习项目在开展进程中涉及高强度的交际与合作，这就更有利于提高这些技能（本书第三部分将作详细说明，也会介绍其他实用的学习方法）。

○ 创造和革新能力

在21世纪，我们需要不断地为全球经济创造新型的服务，提供更好的工艺以及改良的产品，同时世界上越来越多的高薪工作也要求创造型的知识服务，因此，在21世纪技能榜单上，创造和革新毫无悬念地位列前几名。

事实上，在许多人看来，我们当前的知识时代将很快被创新时代取代。在创新时代中，以新颖的方式解决问题的能力（如能源的环保使用）、开发新技术的能力（如生物技术和纳米技术）、开发下一代新型应用的能力（如高效经济的电动车和太阳电池板），甚至是探索知识的新分支和发展全新的产业的能力等，都会变得非常受人追捧。

遗憾的是，在大多数情况下，正如创新界的思想领袖肯尼思·罗宾逊（Kenneth Robinson）所说的那样："我们没有成长为富有创造力的人，我们在成长中抛弃了创新，或者说，教育扼杀了我们的创造力。"传统教育侧重于事实、记忆、基础技能和应试，这些都不利于创造和革新技能的发展。[7]然而，这一点在21世纪迎来了转变，从芬兰到新加坡的各国教育系统都开始将发展创造和革新技能列为学生学习发展中的优先任务。

在一定程度上，对创造和革新技能的忽视应归咎于大量的误解，例如有人认为创新是天才所独有，或仅仅是年轻人的事情，创新无法通过后天习得，创新能力也无法测算等。事实上，创新并不复杂，它与每个人天生拥有的一样东西有关，这样东西便是想象力。古往今来，背景迥异、教育经历参差不齐的人在艺术、文化、科学和知识等各个领域都取得了许多创造和革新。虽然，在一些领域内年轻有时确实是不争的资本，例如理论数学和体育领域，但是创造性的工作没有年龄界限，即使是大师毕加索也是直到暮年才完成他人生中最富创造性的几幅作品。

创造和革新技能

学生应该有能力：

创造性思维

- 使用大量的创意构思技巧（如头脑风暴）。
- 提出新颖、有价值的想法（渐进的或者激进的想法）。
- 为了尽快改进和推陈出新，提炼、深化、分析和评估自己的想法。

与他人协同创新

- 提出、实施新想法，与他人交流新想法。
- 对新见解和多种观点持开放开明的态度；善于在团队内贯彻集体看法和反馈意见。
- 在工作中展现创意和创新，理解现实世界对于接受新想法的局限性。
- 将失败视为一次学习的机会；理解创造和革新是一个长期循环的过程，创新并非一蹴而就，在过程中出现小成功和小错误都是常事。

实施创新

- 将创新性想法转化为实践，为各领域作出切实的贡献。

资料来源：21世纪技能合作组织。详见网址：www.21stcenturyskills.org。

创造和革新技能在学习环境中得以培养，同时人们在其中还获得了质疑精神、忍耐力、对新思想开明和信任的态度，并在这一过程中在错误和失败中汲取经验。如同许多其他技能一样，只要肯花时间、肯下功夫，掌握创造和革新技能并非难事。虽然尚无公认的统一测试这一技能的方法，但仍然有上百件仪器和评估工具可以测量某一个特定领域内创新的不同方面，这些领域涉及广泛，从数学、音乐到写作和机器人技术。

通过 SARS 项目，团队成员们不断地锻炼着他们的创造和革新技能：他们开发了一款仿真游戏，玩家们在游戏中必须竭尽全力阻止 SARS 病毒在虚拟国度阿斯特翁国（Asitwon）的爆发。他们设计了具有创造性的动画，以展现病毒的威力，而且，他们通过新颖的方式展现了听上去非常复杂的医学概念。

通过不断磨炼诸多基础技能，SARS 项目的学生们收获了高水平的创造和革新技能。创造性思维、将批判性思维与问题解决能力联系起来，是创造性工作的核心内容。与他人合作以促进创造性思维的深化和发展，这种能力已渐渐成为应用型创新能力，在现实世界中已取得累累硕果。在 21 世纪的创新驱动经济中，具备这一技能定会收获无数赞誉。

为培养创造和革新的技能，人们设计了大量的学习实践和活动。最受欢迎的一个例子便是罗格·奥驰（Roger von Oech）的"创意打包创造力活动卡"（Creative Whack Pack）。[8] 图 3.3 展示了两张活动卡的样本。

培养创造性技能的最有效方式之一是通过设计挑战项目，让学生们思考解决办法以解决现实世界中的问题，例如设计一件太阳能背心，这样人们在太阳下穿着它就能给手机充电。（本书第三部分会进一步讨论设计挑战项目）。

批判性思维和问题解决能力、交际和合作能力、创造和革新能力是 21 世纪学习、工作和生活所需的三大技能。当今时代的知识工具和技术手段将使这些学习技能和创新技能更加强大，这也带领我们进入框架中的另外三项技能：

信息、媒体和ICT等技术数字素养技能，下一章我们将会围绕这三项技能展开谈论。

图 3.3 "创意打包创造力活动卡"

第四章

数字素养技能：懂信息、通媒体、会技术

> 只会阅读和写作已经无法满足需要，学生还必须懂得视觉图像，学会如何区别成见旧习，如何摒弃陈腔滥调，如何分辨事实与宣传，理解别人的玩笑以及甄别重要新闻和普通报导。
>
> 欧内斯特·博耶（Ernest Boyer）
> 卡内基教学促进基金会前任主席

在讨论P21学习"彩虹"中最重要的21世纪技能（即三种数字素养技能）之前，让我们先来看一篇小故事。它讲述了一个不幸的王国几乎一夜之间跌入了被历史抛弃的边缘。

无论我们是否作好准备，知识时代已经来临。华莱士国王的"万维墙"已演变成为今日的互联网，它正逐渐成为我们日常生活中固定的一部分。

永恒的学习王国

很久以前（也不是很久），有一位远见卓识的统治者——华莱士国王（King Wallace），他的妻子妮蒂王后（Queen Nettie）也非常务实能干。

一个骤雨交加的夜晚，在宫廷中累了一天的国王做了一个非比寻常又非常真实的梦。他梦见他的王国变成了一个静谧美好的天堂，人们专注于追求知识，在这里，世界上所有的知识都会刻在地面上数不胜数的复杂石墙上，每天这些知识都唾手可得。

这个王国被称为"多学王国"。

在国王的梦中，他惊讶地注视着他的子民们，他们所有人都聚精会神地阅读着不朽的文字，品味着伟大的思想，从中获取绚丽的思想、发明、史诗以及美丽与真理。所有的一切都被记录在气势恢宏的石墙网络上，人们赞誉其为"华莱士王国的伟大之墙"。

国王看着"硬件协会"（泥瓦匠们）迅速地用灰泥垒砌一块块石头来扩大石墙网络，他们一行行地刷着光滑、可重复涂写的防火墙粘土，在石墙上，使用者们在整洁的行列和表格中镌刻下他们的数据或资料。

技术发展势不可挡，早已蔓延至世界的每个角落，直至地球上所有的领土都汇入伟大的"万维墙"内。

不过，令华莱士国王最动容的是子民们平和满足的面庞，他们很高兴自己生活的世界中每寸土壤都散发着学术气息，也很欣慰能展示其与生俱来的潜能，在这个世界中，学习是真正的国王（除了华莱士国王之外）。

"啊，"华莱士在梦中想，"要是我能够统治这么一个宁静高贵的知识社会就好了。"

当他从梦中醒来，看到妮蒂正凝视着窗外，神情惊恐。"快看，殿下，"她倒吸一口气，"污浊之物正要降临到我们的王国之上——石墙到处散落，好似错综盘踞在大地上的龙，令人毛骨悚然。我早就知道，您昨晚不应该对巫师莫兰出言不逊！"

"这正和我的梦如出一辙，"华莱士国王步态蹒跚地走到窗边，嘴里不时喃喃自语。"现在，这肯定不是一场梦——它完完全全是真实的！"

"噢，我心爱的王后，"他惊呼道，伸长的手臂用力地掠过窗外的全景，"瞧，多学王国！——神圣的学习王国。亲爱的，我们便是被赞誉的国王和第一夫人、不朽事迹的伟大君主、教育壮举的缔造者……"

"我感觉到有麻烦了。"妮蒂王后打断了华莱士国王。

在窗外的大街上，他们看到了令人诧异的景象：骑士指挥着侍从在墙上刻下马上长矛比赛的日程，并记录胜率，人们可以在这里押注赌上一把；小酒吧的老板在张贴告示宣传两夜的畅饮活动；有一块墙上贴着巨大的"石墙超市"的标记，下面在售卖和竞拍人们能够想象得到的任何东西；有一条街道叫"石墙街"，人们在这里打赌未来大麦、黄油和啤酒的价格；更糟糕的是，华丽而庸俗的插图布满墙面，任何正义之士看到都会羞愧脸红；另外，只要付上一笔巨额的订阅费就能浏览更多不堪入目的图片。

真是一场令人作呕的噩梦啊！

不久之后，路德爵士（Sir Ludd）带领众人发动了一场起义，抗议者纷纷在所有的墙上挂起了国王的画像（由他的乐师团队路德派奏乐）。他们的主要政治目的是保护年轻人和无辜者免受"垃圾墙"的侵扰，驱逐粗俗的商业活动，恢复正在崩塌的道德和常识标准。

奴隶和农民很快加入抗议者的队伍，他们的庄稼因"沾满血腥的石墙"而无法健康生长，直至枯萎。

成千上万的老百姓夜以继日地游行，穿过受到玷污的"石墙迷宫"，他们齐声反复高唱同一段曲子，每每唱到"推倒石墙！""推倒石墙！""推倒石墙！"声音就格外洪亮，攥紧的拳头也会随着呼喊声高高举向天空。

后来的一天早晨，仿佛有无数颗炸弹悄无声息地炸裂一样，石墙崩塌了，随后消失得无影无踪。所有的一切比以前任何时候都变得更加宁静和美丽。

华莱士国王扭头对妮蒂王后说："唉，我的王后，你自始至终都是对的。我们完全没有准备好迎接伟大的知识时代或是高贵的学习型社会。"

"是时候实施你的计划了，亲爱的——为渔夫们打造更结实的渔网，为农夫们建造更坚固的犁，让自由民的收入更高——为我们的子民和时代制定出更明智的方案。"

"亲爱的，也许在不远的将来，我们会迎来学习就是真正的国王的时代。"

"和王后。"妮蒂补充道。

虽然我们尚未实现这位华莱士国王的乌托邦梦想，即建立一个"多学王国"，让所有人都生活在一个学习社会中，但是对于故事中提到的完全开放的通讯系统、不受限制的电子商务和社会关系网络，在我们的生活中已初见端倪。

21世纪的学生必须面对唾手可得的信息财富和媒体财富，以正确获取、评估、使用、管理和增加自身的技能。

有了现存和未来的数字化工具，我们的网络一代将会获得前所未有的力量来增强自身思考、学习、交际、合作和创新的能力。而同这些能力相伴而生的是，学习合适的技能以处理大量的信息、媒体和技术。

因此，我们要重新回到21世纪技能"彩虹"。在21世纪，学习者需要具备的三大素养是：信息素养、媒体素养、信息和通讯技术（ICT）素养。

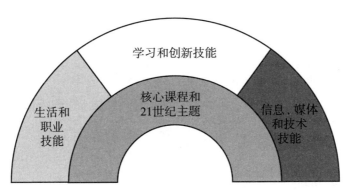

图 4.1　21 世纪知识和技能"彩虹"

⬡ 信息素养

在 21 世纪，每个人的信息素养和娴熟程度均需要提升。无论身处工作岗位、学校、家庭或是社区，社会对我们需要具备的能力[1]的要求会越来越高：

快速而有效地获得信息；熟练而批判性地评估信息；准确而创造性地使用信息。

在 SARS 项目中，学生们为了建设好网站，必须对海量的医学信息、科学信息、社会学信息和政府信息进行收集、审核、对比、分析和总结。

学生们必须保证信息可靠、精准。他们必须决定哪条信息最实用、最有趣，同时考虑如何在网站上呈现，尽最大可能吸引用户的眼球（这里的用户是和他们一样的学生群体）。

同时，他们需要分析和处理伦理问题：诸如 SARS 病毒之类的大规模传染性病毒中，谁先作出的决策是正确的呢？有关进一步防止 SARS 病毒扩散的信息应当用何种方法传播？他们的网站能够真切地帮助人们更好地了解疾病，或是否会产生更大的恐惧？

SARS 项目中的学生运用的正是 P21 框架中信息素养的所有组成技能。

人们能够在网络上获取很多在线资源以培养自身的信息素养技能（参见附录 A）。一些最优质的资源来自美国学校图书馆员协会（AASL）。该协会相信，图书馆员这一群体正成为 21 世纪的数字化引导员，推动学校内信息技术的有效使用（参见附录 A）。该协会的大量出版物和《信息素养指南》等著作清晰地阐明了此类资源的重要性，还解释了如何使用多重可靠信息源的确凿证据以评估网络信息的真实性。

娴熟地获取、评估、运用、管理信息，并能恰当而高效地利用信息资源，正是 21 世纪数字化素养的几项内容。而了解如何运用不同种类的媒体来传播信息、如何在琳琅满目的媒体中进行信息甄选、如何使用媒体创造有效信息，这些能力也非常重要。

下面，我们会着重探讨以媒体为导向的技能。

信息素养技能

学生应该有能力：

获取和评估信息

- 快速（时间）而有效地（资源）获得信息。
- 熟练而批判性地评估信息。

使用和管理信息

- 针对现有问题，以创新的方式准确地使用信息。
- 管理源头广泛的信息流。
- 获取和使用信息时对可能产生的伦理和法律问题有基本的认识。

资料来源：21 世纪技能合作组织。详见网址：www.21stcenturyskills.org。

媒体素养

21世纪的学生被各式各样的数字化媒体和媒介选择包围，他们需要学会怎样将可以获得的媒体资源最有效地用于学习，以及如何使用媒体创建工具来创作令人信服的交际产品，例如视频、音频播客和网站。

媒体素养中心的研究结果表明，媒体素养技能"为获取、分析、评估、创建各类形式的信息提供了一个框架，诠释了社会中媒体的角色，培养了人们质疑和自我表达的必要技能"[2]。

在这一背景下，媒体素养指的是传递信息的媒介（出版物、图表、动画、音频、视频、网站等），针对不同的媒介对原始信息进行精心设计的能力（例如网站的外观和风格），以及媒体信息给观众带来的影响。正如SARS团队的成员们所呈现的那样，较高的媒体素养有助于人们为特定的话题挑选合适的媒体，在得到许可后再使用他人的素材，设计创作网站、图表、动画、视频和游戏（包括为任务挑选合适的数字化工具）和以恰当的传播方式呈现作品。

所有的这些技能汇聚在一起就构成了媒体素养。

媒体素养技能

学生应该有能力：

分析媒体

- 既要懂得媒体信息是如何形成的，又要了解其形成的原因和目的。
- 了解人们信息理解的差异性，价值观和观点是如何被接受和取舍的，以及媒体是如何影响信仰和行为的。
- 获取和使用媒体工具时对可能产生的伦理和法律问题有基本的认识。

> **创作媒体产品**
> - 了解和选用最恰当的媒体创建工具、特色产品和惯例。
> - 了解和选用跨文化环境中最恰当的表达和阐释方法。

资料来源：21世纪技能合作组织。详见网址：www.21stcenturyskills.org。

媒体素养中心等组织提供了各式各样的学习资源，话题广泛，从"媒体对青年人吸烟习惯的影响"到"媒体明星对年轻人价值观的影响"，从"可视通讯的历史"到"纪录片中所使用的摄像技术和编辑技术的使用"等，不一而足。（更多资源请参见附录A）

○ ICT素养

信息和通讯技术，简称ICT，是21世纪的最新技术。正如第二章所述，今天的"数字原住民"，从出生起就"浸泡"在数字媒体环境中，从小便开始用遥控器、电脑鼠标和手机。

但是善于利用这些工具来学习又是另一回事。在过去的数十年中，许多国际组织都致力于缩小各国之间的数字化学习差距，并指导各国使用不断发展中的ICT工具，以期用最佳方式推进学习。

国际教育技术协会（ISTE）和联合国教科文组织[3]（UNESCO）为学生、教师和管理者们制定了使用教育技术的国际标准。全球数百家组织致力于将ICT融入学校和教育的日常工作中。

虽然21世纪的学生在技术使用上比他们的家长或教师更擅长，但是怎样才能够发挥这些强大工具的最佳效果以助力复杂学习和创造性任务，他们总是需要外界的指导。

在脸书（Facebook）或油管（YouTube）等社交网站上使用个人照片和商业音乐具有一定的风险，评估风险时通常需要批判性思维、正确的决断和对潜在后果的预想。考虑这些方面时，学生们一定能够从成人的稳健指导中有所启发。

正如SARS项目中的学生所述，困难的部分在于要有效运用工具来提升自己的学习效果，同时创作可传播的产品来帮助他人了解团队所关注的问题。

ICT素养资源内容丰富，提供者包括国际教育技术协会和学校网络联合会（CoSN）等国际组织、英国教育传播与技术管理局（Becta）等全国性组织，无数ICT硬件和软件供应商，以及各式各样的学习技术与教育组织。（更多资源请参见附录A）

这三种数字化素养技能（即信息素养、媒体素养和ICT素养）正不断更新发展。此外，它们对管理不断拓展的信息、媒体和交流技术也至关重要。这些21世纪素养也能够辅助人们习得P21框架"彩虹"中的许多其他学习技能。

ICT 技能

学生应该有能力：

有效运用技术手段

- 将技术作为一种研究、组织、评估和交流信息的工具。
- 正确使用数字化技术（电脑、个人数字助理、媒体播放器、全球定位系统等）、通讯或网络工具以及社交网络来获取、管理、整合、评估和创作信息，为知识经济发展作出贡献。
- 获取和使用信息技术时对其中可能产生的伦理和法律问题有基本的认识。

资料来源：21世纪技能合作组织。详见网址：www.21stcenturyskills.org。

我们将在下一章节中探讨一些由来已久的个人技能，即职业与生活技能。随着技术不断渗入学习、工作和生活，21世纪对职业与生活技能的需求也愈发迫切。

第五章

职业和生活技能：为工作和生活作好准备

试想一下，SARS 项目团队的网站设计项目是某家全球化公司实施的一个真实项目，该公司在网上为普通民众提供医学信息。再试想一下，该团队的网站成品，像上述学生项目一样，因某个即时的热门医学话题而被受众接受，从而获得了行业大奖。

那么，在项目末期，团队中的主管将如何评定成员的表现呢？

该主管可能会使用一组业绩评价标准（现在大部分行业都这样做），其中既包含业绩标准又囊括技能评分。结果可能如表 5.1 所示。

虽然表格中用于评定员工业绩的这组评价标准实质上已经包含了我们迄今为止所讨论的所有 21 世纪技能，但是最后五条标准，即 P21 学习框架中的"职业和生活技能"，是被考查得最多的几项工作技能。

下面，我们将深入探讨职业与生活技能。

表 5.1 业绩评价标准

员工业绩评价工作表		
标准	评价性问题	评分（1~4）
整体工作质量	项目成果的质量是否很高？项目是否按时交付？项目支出是否在预算之内？	4
技术能力	该员工是否施展了较高水平的技术操作技能与能力？	3
问题解决能力	该员工是否及时高效地解决了问题？	4
创造和革新能力	该员工是否提出了具有创造性和创新性的问题解决方式？	4
沟通能力	该员工涉内涉外的项目沟通是否及时而有效？	3

续表

员工业绩评价工作表			
标准	评价性问题	评分（1~4）
团队合作能力	该员工与团队其他成员的合作是否融洽？	4
灵活性和适应性	该员工是否在适应意料之外的新变化时展现了灵活应变的能力？	3
主动性和自我指导能力	在所有的项目工作中，该员工是否展现出个人主动性、自我激励能力和自我指导能力？	4
社交和跨文化交际能力	在与不同的团队成员合作时，该员工是否展现了较强的社交技能和跨文化交际能力？	3
产出能力和绩效能力	该员工对时间和其他资源的使用以及对所有项目细节的处理是否富有成效？	3
领导力和责任感	该员工是否展现了领导能力并担负起项目的责任？	4
	总计	39
	整体评分	超出预期值

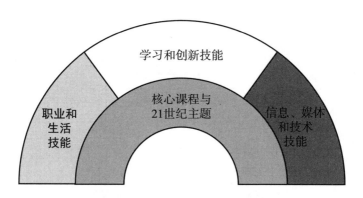

图 5.1　21 世纪知识和技能"彩虹"

灵活性和适应性

> 在变化的时代中,学习者们在尘世之间安于现状,而学识渊博者发现自己从容作好了准备,面对的却是一个不再存在的世界。
>
> ——埃里克·霍弗（Eric Hoffer）

我们所处的时代瞬息万变。如今,灵活性与适应性已经成为21世纪学习、工作和履行公民权必不可少的技能。

技术发展的日新月异促使我们所有人必须快速适应新的交流、学习、工作和生活方式。我们更加频繁地"跳槽",同时,各个领域的不断创新也催生着许多全新的工作岗位。

21世纪知识经济中为数不多的尚未改变的内容之一,就是普遍要求将工作任务系统化为精心设计的项目,然后由全球化的项目团队进行接手,在紧迫的时间内依靠有限的资源来完成。

不论我们接手的项目是学校的、公司的还是家庭的,要明白面对意外情况时,必须对计划作出快速的调整。调整与修改策略以适应新情况是每个人在不断变化的时代中必须要具备的"灵活能力"。

适应性（如以全新的方式看待当前的问题）,能够扭转乾坤,帮助人们将意外转化为有利条件,从而寻找到独一无二的解决方案和真正的创新,以满足21世纪对新思想和新方法的需求。

SARS项目团队面临着诸多艰难挑战,既有技术层面上的,如网页设计有一定的难度,又有合作层面上的,如其成员遍布全球各地令合作的难度加大。面临技术问题时,团队成员想出了一些奇招,这些变成网站中一些最亮眼的内容。例如,随着比赛截止日期的临近,团队成员们能够发挥他们在不同时区的优势,将在一个时区撰写好的文本发给下一个时区的制图艺术家，待插图制作完毕后，再发给下一个时区的程序设计员，由其将所有元素集中在一个网页上，最后再由下一个时区的项目协调员完成测试、编辑并提出修改意见，以便开启第二轮工作。这种工作方式使项目工作日夜不停地进行下去。

表 5.1 的业绩评价标准显示，灵活性与适应性的另一项重要表现是有能力应对批评、挫折，甚至是失败。

习得灵活性与适应性的相关技能，可以逐渐加大项目的难度。学生在过程中不断经受着考验，在进展不顺利时要学会另辟蹊径，学会适应项目实施过程中出现的新问题，并在当前和未来的项目中学会和新的团队成员相处。另外，学生也能够参与学校的"技术支持"团队，帮助教师们快速解决问题，以此来培养自己高水平的灵活性与适应性。

灵活性和适应性

学生应该有能力：

适应变化

- 适应不同的角色、工作职责、日程安排和场合。
- 即使情况不明朗，优先级不断被调整，也要保持工作效率。

处事灵活

- 有效地采纳反馈。
- 积极正确地对待赞扬、挫折与批评。
- 理解、协调和平衡各种不同的意见与想法，以制订出切实可行的解决方案，在多元文化的环境中尤其如此。

资料来源：21 世纪技能合作组织。详见网址：www.21stcenturyskills.org。

○ 主动性和自我指导能力

> 找到援手的最理想之地，就是你自己手臂的顶端。（求人不如求自己）
>
> ——瑞典古谚语

在忙碌、快节奏、日益变得扁平的工作中，我们用于拓展培训和积极性发展的时间很紧张。即将上岗的劳动者必须主动自觉、随时准备发挥自己的主动性完成工作，而且有能力在日常工作中独当一面。

经理们工作忙碌，用于指导和带领员工的时间正在急剧减少。在忙碌的世界中，所有的员工必须学会自我管理时间、目标、项目计划和工作量，自己进行"即时"学习。

虽然老师们可能更加熟悉在课堂上培养较高水平的独立自主性，但是帮助学生变得更自主、更独立，却一直都是一项艰巨的挑战。然而，技术正为学生们提供丰富的自助服务工具，使学习者可以开展在线学习研究。

SARS 项目团队的成员们展现出了高度的自我指导和独立自主性，团队的指导老师们为此感到非常惊喜。在项目初期，成员们会向老师们请求帮助，尤其是在技术问题上请老师们帮忙挑选和使用正确的工具来创建网页，而随后只有当在项目中遇到特别棘手的技术难题时他们才会偶尔向老师们寻求帮助。因为在大多数情况下，成员们会相互依赖共同解决问题或利用网络寻找问题的解决方案。正如团队的一位指导老师所说，"这个团队最优秀的地方是，他们知道自己想要什么，然后便立即行动自己去找"。

今天的学生必须为 21 世纪的残酷职场现实作好充足的准备，在校期间培养自身更强的自主性与自我指导能力。为每位学生提供适度的自由以锻炼其自我指导能力与自主性，对老师和家长们来说都是一项持久的考验。音乐、舞蹈和戏剧演出、导师制、学徒制、实习和社区服务项目，以及学生开发的项目和兴趣爱好，所有这些都能够创造良好的机会以培养学生对某一学科的热情，锻炼其自我激励、自主性和自我指导能力。

自主性与自我指导能力

学生应该有能力：

管理目标与时间

- 为实现目标，确立有形和无形的成功标准。
- 平衡战术（短期）目标和战略（长期）目标。
- 高效地合理运用时间，管理工作量。

独立工作

- 在没有直接监督的情况下寻找和确定任务，安排所有任务的先后顺序，最后顺利完成所有任务。

成长为自我指导型的学习者

- 在基础技能习得或课程学习之余挖掘和拓展个人的学习机会，多获取专业技术。
- 积极主动地锤炼专业技能。
- 活到老，学到老。
- 辩证地总结过去，展望未来。

资料来源：21世纪技能合作组织。详见网址：www.21stcenturyskills.org。

社交和跨文化交际能力

> 多元化是所有人共有的一种东西。
>
> ——佚名

技术将身处世界各地的多元化的工作团队连接在一起，这种工作模式正渐渐成为 21 世纪的工作模式。在全球各地，多元化的学校和社区也日益兴起。

在 21 世纪，克服团队成员或同学间的文化差异和风格差异，共同创新，出色地完成工作，是一项必不可少的生活技能。尊重、包容文化与社会的多样性，巧妙地利用差异设计出更具创新性的思想和问题解决方案，这种品质和能力在新时期弥足珍贵。

近期，有关情绪智力与社会智力对儿童发展的重要性以及对成功学习的影响引起人们的关注。这种研究催生出各式各样发展社交技能和社会责任的项目和学习资料。[1] 其中一个经典的例子是 "社会责任教育者" (Eclucutors for Social Responsiivity，简称 ESR) 的课堂学习资料，其目的是营造更加紧密联系和相互尊重的学习环境。从务实和富有建设性的学生冲突解决方法到合作项目的 "团队合约" 的创作步骤，ESR 提供了广受检验的学习活动和方法，营造了更具社会亲和力的学习环境（更多资源请参见附录 A）。

和 SARS 项目的国际团队一样，学生既能通过网络也能面对面地成功培养跨文化交际能力。有许多组织开发了优良的材料，进一步深化了学生对跨文化的理解，其中一个引人关注的例子是 "亚洲协会" (Asia Socity)，由该协会提供的优秀报告和课程资源帮助老师和学生在学习过程中开拓了国际视野。亚洲协会和其他团体提供了介绍其他国家学生日常生活的第一手材料，还提供了各式各样的学生跨文化交流项目，这些材料和项目正在帮助学生更好地理解人与人之间的共性和个性在哪里。

学生习得这些技能后能够在社交和跨文化交际中变得得心应手，从而成为国际化的学习者和公民，所以这些技能也变得越来越重要。

社交和跨文化交际能力

学生应该有能力：

有效地与他人交际

- 知道什么时候该交谈，什么时候该倾听。
- 处事专业化，举止得体。

在多元化的团队中有效地工作

- 尊重文化差异，与社会文化背景不同的人高效合作。
- 虚心回应不同的观点和价值观。
- 巧妙地利用社会文化差异创立新想法，提升工作的创新性和质量。

资料来源：21世纪技能合作组织。详见网址：www.21stcenturyskills.org。

○ 产出能力和绩效能力

> 效率是用正确的方式做事，而效能则是做正确的事。
>
> ——彼得·德鲁克（Peter Drucker）

数个世纪以来，生产效率高的劳动者和学习者总是商界和教育界最迫切需求的。设定目标、实现目标、区分工作的轻重缓急、合理使用时间等技能对于工作和学习都有帮助。

随着知识带动的工具不断更新，个体和群体的产出能力得到很大提升，学习和工作的效率及有效性正迅速增长。同时，新技术的出现也减轻了利润计算的负担，例如追踪已完成的工作，分享学到的经验。

项目（包括对项目的确定、计划、执行、评估）已经成为21世纪工作的基本模式。与此相关联，在21世纪学习中，项目学习也变得越来越重要。优秀的项目管理技能无论对工作项目还是学习项目都至关重要，大量的项目正帮助老师和学生更好地管理"学习项目周期"。（本书第七章会进一步探讨该项目周期包含哪些内容，又是如何被运用于学习项目的。）为了使老师有能力为学生开展有效的学习项目，众多组织都提供了教师职业发展项目，其中包括甲骨文教育基金会（OEF）、英特尔教育项目、巴克教育研究所、教育基金会项目管理协会、学校联盟等（更多资源请参见附录A）。

产出能力和绩效能力是21世纪的重要技能组合，所有希望在学业、事业和生活中获得成功的学生和老师们都应该具备。

产出能力和绩效能力

学生应该有能力：

管理项目

- 设定目标，实现目标（即使障碍重重，竞争压力巨大）。
- 区分工作的轻重缓急，计划和管理工作，实现预期目标。

产出成果

- 生产出高质量产品的其他要素包括：

    德才兼备，积极主动；

    有效管理时间和项目；

    完成多任务工作；

> 积极参与工作，守时，值得信赖；
>
> 处事专业，举止得体；
>
> 与团队成员有效配合；
>
> 尊重、欣赏团队的多样性；
>
> 对成果负责任。

资料来源：21世纪技能合作组织。详见网址：www.21stcenturyskills.org。

○ 领导力和责任感

> 如果我们坐等某人或某个时刻来临，那么改变永远不会发生。我们要等的人恰恰就是自己，我们寻求的变化恰恰就是自身。
>
> ——美国前总统贝拉克·奥巴马

SARS项目团队展现出了在21世纪越来越需要的领导技能，那就是广泛的领导力与责任感。

虽然SARS项目团队有一个负责统筹的团队总协调员（来自费城的范），每位团队成员都有各自负责的工作，但每个人也需要考虑各自的工作如何与团队中其他成员的工作实现融合。责任感与团队合作有三个层面，即个人领导力、团队成员之间的协作能力和朝着共同目标的团队整体协作能力，这些对SARS项目的成功至关重要。

人们走到一起，共同完成大家都感兴趣的项目，在团队中分工协作，承担各自擅长的角色，所有人积极地出谋划策，创造出富有创新性的成果，一起为成功而欢欣，然后再和另一组成员合作重新投身于下一个项目，这种模式被称为"工作室模式",电影或电视节目都是通过这种模式在媒体制作工作室中完成的。

在知识经济中,这种基于项目的工作室模式正越来越普及,日后也会成为21世纪人们应该掌握的一种重要的工作形式。

对学生们来说,工作室模式也是一种强大的学习形式,它为学生们提供了大量的机会来提升自身的责任感和领导力,这些技能在日后的雇主眼里都非常重要。学习的工作室模式也有助于培养P21框架中的许多其他21世纪技能,例如合作技能、沟通技能、跨文化理解能力等。

此外,大量本地、国内和国际的学生领导力项目也在聚焦于培养这些技能。模拟联合国项目就是国际领导力项目的一个鲜明示例,每位学生代表一个特定的国家,通过参与模拟联合国会议处理特定的国际危机,为其发言(更多资源请参见附录A)。

领导力和责任感

学生应该有能力:

指导和领导他人

- 使用人际交往技能与问题解决技能去影响和指导他人共同实现某个目标。
- 巧妙利用他人的优势实现共同的目标。
- 通过率先垂范与无私的精神激励他人不遗余力去实现目标。
- 运用影响力和权力时展现正直诚实与道德操守。

对他人负责

- 为人处世要充分考虑更大集体的利益。

资料来源:21世纪技能合作组织。详见网址:www.21stcenturyskills.org。

本章节所探讨的生活和职业技能对 21 世纪的工作和学习起着举足轻重的作用。虽然这些技能由来已久，但是随着可服务于工作和学习的强大数字化工具的问世，这些技能便被赋予了新的内涵。毫无疑问，在 22 世纪中它们也将至关重要。

我们在回顾第三、四、五章中提到的所有 11 项 21 世纪技能时会发现一个重要的问题：在学习 21 世纪全面教育所需的核心课程与现代主旋律知识的同时，我们如何做，才能确保所有的学生都有机会学习这些技能？

这个问题，将在接下来的第三部分进行探讨。

第三部分

实践中的 21 世纪学习

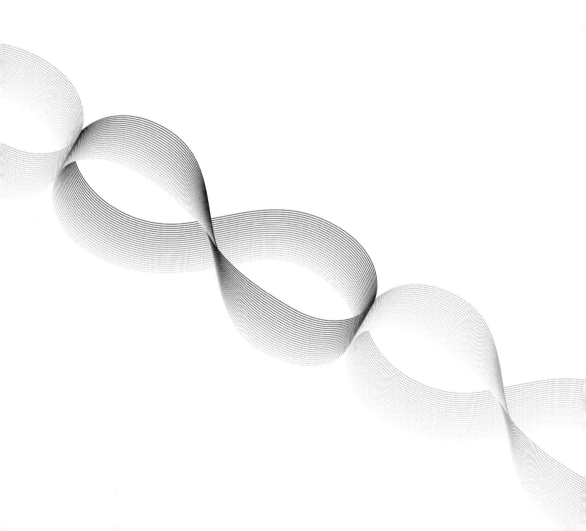

第六章

21 世纪的学与教

> 问题的力量是全人类进步的基础。
>
> 英迪拉 · 甘地（Indira Ghandi）

> 我们的问题都是人为造成的，因此也都能够由人类来解决。与人类的命运有关的问题，没有一个是人所不能解决的。
>
> 约翰 · 肯尼迪（John F. Kennedy）

问题：我们需要哪些重要工具来支持21世纪的学与教？

a. 互联网   b. 纸和笔   c. 手机

d. 教育类游戏   e. 考试与测试   f. 一个好老师

g. 教育经费   h. 关爱子女的父母 i. 以上全都是

答案：以上全都需要。但还缺了两样重要的东西。

所有这些选项都致力于发展21世纪教育，但是未被列出的两个关键的工具，可能是有史以来人们设计出的最强有力的学习工具：

疑问（questions）以及发现答案的过程；问题（problems）以及对可能解决它的方案的创造。

学习P's和Q's：问题与疑问

在历史长河中，在恰当的时机提出恰当问题的学习能力一直为世人所称颂。从孔子到苏格拉底，从柏拉图到约翰·杜威、杰罗姆·布鲁纳、西摩·帕尔特等，以及其他一些著名哲学家、教育理论家和思想领袖，都将质疑和探究放在学习与理解能力的核心位置。

小心地对自然世界提出疑问，大胆地假设寻求正确答案，这些都是科学方法的核心——这是我们探索发现新知识的最重要的创新。例如，爱因斯坦早就对坐在一根光柱上旅行的感觉很好奇，这也激发了他对这一问题的终生探索，并由此造就了20世纪物理学最伟大的发明。

通过解决问题的方式来学习，从时间上可以追溯至很久以前，那时人类通过播种与驯养牲畜来确保当地的食物供应，并进而产生了农业。问题是工业制造、发明、宗教、法律、科学、工程、商业，甚至可以说是几乎所有现代技术和社会机构变革的动力。

托马斯·爱迪生花费一年半的时间，发现了制作有效的白炽灯泡的恰当材料（还要加上电线、插座、保险丝和发电机才能使用），这也最终改善了大多数人的生活质量（尽管在 21 世纪，仍有超过 10 亿人口用不上电）。[1] 他在解决难题时表现出的激情与不懈的毅力是有史以来所有工程师、技术专家和学习者们学习的榜样。

通往答案与解决方案之路：科学与工程

疑问与问题是人类目前为获取新知识和创造新的生活方式的两种最有效方式的基础，这两种方式是科学与工程。图 6.1 展现了疑问与问题在科学、工程与技术领域所起到的核心作用。[2]

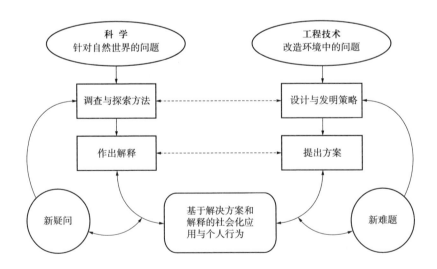

图 6.1　科学与技术、疑问与问题

科学家通过疑问来探索世界：天为什么是蓝的？宇宙中最小的粒子是什么？是什么导致了癌症？燃烧的矿物燃料是怎样影响气候的？他们随后会采用一种严谨的方法探索和求证答案，即科学实验法。

与此同时，激励工程师与发明家不断探索的则是具有挑战性的难题：我怎样做才能使这种飞机飞行得更安全？我们怎样才能在更小的空间内储存更多的数据？我们怎样才能利用太阳能为家庭供暖供电？工程师们则使用了一种稍有区别的方法来设计、确立和测试解决方案，即工程设计法。

虽然这些方法比较相近，但是它们在得出和测试答案或解决方案时有所不同，如表6.1所示。

表6.1　科学法与工程法的比较

科学实验法	工程设计法
提出一个疑问	确定一个难题
研究该疑问	研究该难题
提出一个有待验证的答案、解释或假设	设计、计划和建立一个有待验证的模型或解决方案
通过实验，用反证法检验该假设	验证该模型或方案，看其能否解决难题
分析结果，得出与答案相关的结论	分析结果，改良该难题的解决方案
公布结果，与他人的结果对比	公布结果，将解决方案付诸实践或当作一件产品或服务进行推广
用更挑剔的问题或实验过程中出现的新问题，来重复进行实验	用更深入或更具创新性的思想重复过程，以求得更好的方案，或者运用实施过程中出现的新问题改进方案

科学家运用实验来检验某种解释或假设，工程师利用模型或创作新的设计来观察提出的解决方案是否可行。而结合科学的方法与工程的方法来解决当今

时代的疑问与问题，则大大加速了现代生活中新知识、新技能、新发明的产生和发展。科学与工程同艺术与文化，以及不断演进中的社会结构与政治结构一起，共同推动着人类的进步。

疑问与问题也是学习的天然动力。充满好奇心的孩子最喜欢问"为什么？"，这样的习惯如果一直延续到成年后，则会使他们更具备敏锐的洞察力，提出更深刻的疑问，这会激励他们用一生寻求未解之谜的答案。在寻觅更优的解决方案时，一些疑难问题需要我们有新颖的想法，而这可能会带来具有创造性，甚至是突破性的结果，同时这也是古往今来大大小小有价值的发明与创造的源头。

探索"为什么？"这一问题的答案的过程，针对"我们能怎么办？"提出创造性的解决方案的过程，都是真正的学习体验，它们能加深人们的理解力、磨炼技能、带来心理满足感（当然也会有挫败感），以及揭示在这个世界上工作、学习和成长的新方式。

老师和家长早就深知：无限地提出疑问、不断抛出有趣的难题会激发孩子的想象力，有助于激励他们主动去探索、发现、创造和学习。

基于疑问的学习方式被称为"基于探究式学习"，或者就叫"探究"（inquiry）；而基本设计问题解决方案的学习方式被称为"基于设计式学习"，或者就叫"设计"（design）。

正如我们在下一章节要讨论的那样，事实证明，探究与设计的学习方式对激发人们的学习兴趣，提高学习持久力以及加深对知识的理解都有非常好的效果。在好老师和家长的指导下，再加上当今数字化学习工具的辅助，这些学习方式与习得内容知识和基本技能的传统方式相结合，成为21世纪学习方法的核心内容。

21世纪的学习模式运用疑问与问题的力量，激发学习者深层的学习兴趣、更好的理解和更强烈的关注，那么这种学习模式究竟是什么样子的呢？运用21世纪的技能又怎样应对现实世界的挑战呢？这样的一种学习模式，搭乘着所有人都熟悉的"人力车"，正将越来越多的学习者与老师领进21世纪的大门。下面我们就来"试驾"一下这种学习模式吧。

第七章

高效学习：可靠的实践研究结果

学习是一次终生的旅程，而在大多数旅程中，在心中设定一个目的地以及前往该目的地的可靠手段是极为重要的。下面的引文是一个课堂故事，为我们讲述了在21世纪学习发展道路中的实例。

未来学校的实验室

陈安妮（Annie Chien）老师负责十年级的生物课，在她的班级里学生们背景各异，但是他们都非常幸运，因为他们就读的学校致力于帮助他们成长为解决问题的专家、优秀的提问者以及终生的学习者。他们都是发展中的21世纪学习共同体（纽约市"未来学校"）的一分子。

安妮的学生目前正在学习基因的作用方式以及怎样改变基因为医学服务（或叫"基因疗法"），这些研究属于新兴的生物工程领域。他们面临的挑战是怎样通过物理手段将一种在荧光灯下发光的细菌变成另一种不具有此类特征的细菌。通过转换这些细菌，学生们还能利用发光细菌阻止某种抗生素的遗传能力。这是一个在中学生物课中被广泛使用的实验，实验所用的细菌和步骤对学生不具威胁性，整个实验非常安全。

在准备与进行该实验时，学生们必须清晰地提出疑问，分析并寻找答案，从别人的成果中受益，以团队合作的形式设计并进行实验，学会解决问题，描述实验结果，管理学习过程，所有这些都是重要的21世纪学习技能。

在实施这个项目的过程中，本书先前所概述的21世纪学习天平的诸多特征都得到了展现——例如，通过亲身实践的合作项目习得严谨的科学内容；对个人学习与团队学习起到激励作用的现实难题和挑战；以学生为中心的学习方法与以教师为指导的学习方法的结合；等等。

有关该课堂的科学项目有一段视频，名叫"细菌转化实验室"。该视频在本书提供的网站上可以看到。此外，网站上还有陈安妮老师对项目式学习法的感想。

○ 21世纪"项目学习自行车"模型

让我们先看看在陈安妮的课堂上使用的学习方法是如何发挥作用的。这种方法的依据是一种能满足21世纪学习者需求与当今时代需要的学习模式，这种模型学习工具旨在使学生们成为更成功的21世纪的学习者、劳动者和公民。

这种模型——"项目学习自行车"——从视觉上为我们提供了一种直观的工具，通过它，我们可以知晓一种经过精心设计、管理有方的学习项目的构成要素。我们已经将这种模式推荐给了全球各地的教育工作者们，它不仅能使他们对究竟什么是有效的21世纪学习方法有更深入的认识，而且总能让他们欢欣不已。

车轮——定义、规划、实施、审核

这种学习模型的核心在于项目本身。不论是烘焙蛋糕还是建造房子，虽然过程中可能需要走回头路或者在阶段之间进行跳跃执行，但任何项目都要划分为依次进行的时段或阶段。"项目学习自行车"模型有四个项目阶段：

- 定义。
- 规划。
- 实施。

- 审核。

首先，必须用疑问、问题、关注点或挑战对项目进行定义，这样做能使项目过程中的学习得以清晰简明地表述。在"细菌实验室"一例中，本质的问题是"为了实现医疗用途，我们如何改变一个生物体的基因？"，或者正如一位学生简明地描述的那样，"我们怎样才能将一种可发光的细菌转变成另一种不能发光的细菌"。

为了这一项目，安妮老师预先作了大量的规划。她必须收集和准备所有的实验装备，制定学生团队应遵循的实验步骤，准备好工作表和实验配方指南，以及许多其他工作。学生也必须对个人工作和团队工作进行规划，安排好进行实验所需的步骤。

对老师来说，若想在一个项目中成为高效的学习导师（而不仅仅是一名讲师），必须精心规划学习活动，让学生主导大部分的学习与教学。学生规划工作，进行调查研究，与其他团队成员共享成果、提问、设计程序、承担"领导者"与"团队引导者"的责任等，所有这些都是一次优秀的项目设计的重要组成部分。在这一过程中，项目计划就能培养学生的21世纪技能，加深对学习内容的理解。

安妮老师在规划以学生为主导的活动时所投入的心血都有了回报，这也使她可以更多地关注学生个体，支持每个学体团队且帮助他们应对所遇到的学习挑战。

规划之后就是实施：项目中的实际工作必须通过实践来完成，学习活动必须得到实施，各项结果必须详细记录。这需要老师与学生们共同努力，老师出色扮演"指挥"的角色，而学生则努力在团队中发挥作用，或当好项目的"工作者"。

最后，展示项目成果和经验教训，并完成审核。老师和其他学生（通常还包括学习团体的其他成员）会通过陈述、展览、学习博览会等形式展现成果，并提供评估与反馈。

学生通过整个项目周期所吸取的经验教训，通常能应用于下一个项目中。有时候也会在同一个项目中反复使用，再次完善项目定义，改进项目规划，改善项目的实施过程，并进行更深入的反思与审核。若以这样的方式来开展项目，学生的学习会得到提高和深化。

定义、规划、实施与审核，这些都是项目学习与教学周期的各个阶段，可以看作项目的"车轮"，并同时针对学生和老师双方，如图7.1所示。

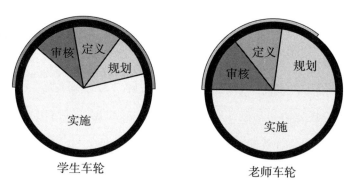

图 7.1　学生和教师的"项目车轮"

对老师和学生来说，虽然在项目的各个阶段投入的时间不同（老师经常会在预先规划上投入较多时间，而学生则在项目活动的实施上花更多的时间），但老师和学生双方都在整个项目中共同努力着。

"项目自行车"的框架和组成

"项目车轮"一旦确定，我们就需要一个框架将其连接，以支撑整个项目团队的合作。为完善我们的"双轮学习车"，我们需要其他必要的一些组件，如座椅、车把、齿轮、脚蹬、车闸，此外，还需要一个额外的电子集成器来监测速度、里程和时间，记录每段车程的情况。

学生和老师必须协调好各自的项目周期工作，共同管理整个学习项目（即自行车框架），并使用具有驱动性的疑问或问题（车把）来控制和引导项目的前进方向，如图 7.2 所示。

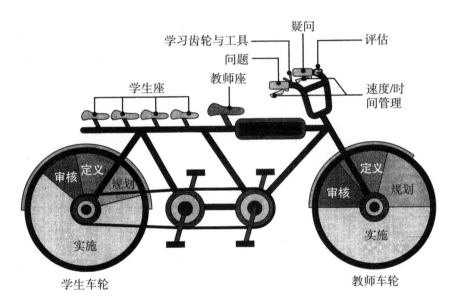

图 7.2 "项目学习自行车"

项目中使用的学习"齿轮"（实验室设备、为调查研究访问网络等其他内容）由换挡器、齿轮、链条、变速器等部件提供；对学生学习情况的实时评估（工作表、提问情况、观察结果和实验室报告）由转数计提供；项目的进度和时间则由自行车的脚蹬和手闸来控制。

项目进行时

一旦项目启动("在途中"),道路的坡度就决定着该项目团队所遇到的挑战的难度——与在平路上相比,越是上坡路,就越富有挑战性。

掌握平衡也同样重要:如果"项目自行车"向左倾斜过多,可能是老师转向过度(给予学生们太多直接引导与控制);如果向右倾斜过多,可能是集体创造力和独立的知识建构过多,老师没有提供足够的指导以确保实现实验预期的学习目标或将实验涉及的准则传达到位。学校和支持此类项目的团体,要积极助力项目的发展;缺少该助力将会使项目行进艰难,犹如逆风行船。最后,项目的目标是让学生拥有一段丰富的学习经历,是知识、理解力和出色表现与多种21世纪技能的结合,如图7.3所示。

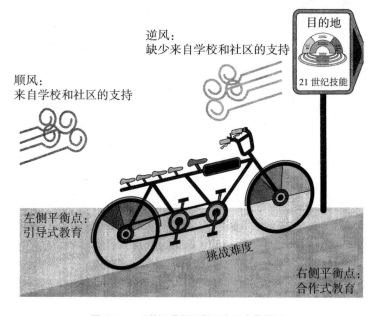

图7.3　21世纪"项目学习自行车"模式

成功的骑行

"细菌实验室"严格遵循了"项目学习自行车"模式。对项目的定义比较精准，学生和老师管理着各自的项目阶段，并共同管理着项目的所有阶段，使其井然有序。老师扮演着学习导师的角色，在必要时提供直接引导，学生则完成项目大部分的脑力劳动，如研究、规划、分析、合作、实验、评估和交流。

为了完成研究，学生可以使用必要的学习"齿轮"，包括实验设备、对细菌培养的有关知识、无尘室控制设备以及研究时使用的电脑。项目的进度合理（除了实验当天可能会有些紧张），难度对大多数学生来说也很适合。此外，开展项目中，老师的直接指导和学生的协作式探索以及历险式学习之间，也取得了很好的平衡。通过动手参与，在研究实验中自然而然地发问，学生加深了对科学内容的理解。

通过项目实践，学生锻炼了多种21世纪技能，包括问题解决能力、沟通能力、协作能力、信息与ICT素养、灵活性与适应性、自我指导能力、领导力与责任感。项目并未特别关注个人创造与创新，但是学生掌握的生物工程专业方面的技能，确实能使他们更深入地理解科学家和工程师如何开创医学与基因治疗的新方法。

和"细菌实验室"一样，设计和管理有效的21世纪学习项目面临着不小的挑战——项目必须联合和激励背景不同的学生，满足学校的课程目标，让每位学生受益匪浅，习得更多21世纪技能，从而为在现实世界中获得成功作好准备。尤其对那些没有经历过培训，不会以这种方式教学的老师来说，这着实是一项挑战。

然而，正如"细菌实验室"和前述的SARS项目等学习项目所证明的那样，也正如全球各地对成功学习项目的研究与报告中重申的那样，这类学习方法非常有效。它使学生深度投身于学习过程之中，学习不再停留在记忆层面，而是强调有意义的理解，从而使具备不同学习风格与学习背景的学生都受益匪浅。

○ 通过项目培养创新力

> 想象力比知识更重要。
>
> ——阿尔伯特·爱因斯坦

当 21 世纪之旅逐渐深入，创造与革新将会成为 21 世纪的技能星空中最闪亮的明星。新观点、创新性产品、新颖的服务以及解决本地和全球问题的新方案，都将持续推动着我们新兴的创新时代向前发展。

虽然社会对科学（Science）、技术（Technology）、工程（Engineer）与数学（Math）技能（即 STEM 技能）方面的需求不断增长，但对创造、发明与创新的技能需求却更加旺盛。艺术是培养创造力的传统途径。随着时代的不断发展，将艺术（Art）与 STEM 学科融合（形成新的 STEAM，这是一个首字母缩写词，其最早的应用要归功于儿童图书作家彼得·雷诺兹），会成为一个重要的教育目标。

既然这样，我们怎样做才能让学生为这样的未来作好准备呢？这样的未来有尚未出现的工作，尚未发明的职业，重视未知事物的经济，而且我们要将 STEAM 技能融入每个孩子的学习规划中。

著名创新设计公司 IDEO 的执行总裁汤姆·凯利（Tom Kelley）对这一问题的回答只有一个词，那就是设计。[1] 此外，他还钟爱一条简单的短语，这个短语引发了大量的设计项目，即"我们怎样才能……呢"。

要想为创新时代作好准备，我们都必须成为更优秀的设计师，时刻准备处理崭新的问题、设计问题和设计过程。² 我们不仅必须善于思考，还应亲身实践。

幸运的是，设计过程并非祭司这一神圣职业人员才能实施的神秘仪式。每个人都能够参与设计过程，就像演奏一种乐器或参加一项集体运动一样，设计也是熟能生巧。

项目周期（定义、规划、实施和审核）固定化的学习项目，能够使学生全身心地投入到学习活动和培养创新技能之中。ThinkQuest 网站竞赛和首届机器人技术竞赛等设计挑战赛都有益于培养学生的创造与创新能力。

为了应对日益涌现的挑战，IDEO 已经设计出了更好的牙刷、购物车、电脑鼠标、电子商务业务、医务急救程序为解决数以千计的日常难题提供有用方案。该公司的设计过程同样遵循了上文提到的"四阶段"项目周期，但它们还制定了一些重要的修订措施，从而使设计团队文思泉涌、创新不断：

- 定义。聚焦一个现实问题或过程，一旦解决了该问题或完善了该过程，那么事情的处理就会更简单、更出色、更便捷、更经济、更有效或更令人舒心。确定完问题后，就会提出"我们怎样才能……呢"的问题了。例如，我们怎样利用太阳的能量为没有电的农村家庭提供夜间照明呢？这种问题是使一个设计项目取得良好开局的关键所在。
- 规划。花时间了解用户、客户、技术、市场或相关领域以及该问题的限制条件是什么。密切地观察现实中的人是如何处理该问题、如何应对当前形势的，之后尽可能详细地概述典型人群及其在处理相关问题方面的经验。

设计团队的多元化对创新过程同样重要，因为成员的多样化越突出，越有可能产出新颖且具有创造性的解决方案。例如，SARS 项目团队文化背景的多样性，有利于他们创设出大量的网页设计创新点，最终成功吸引更加多元化的国际受众。

- 实施。使用各式各样的能展示思想和集中智慧的技术手段，提出丰富的设计方案，并通过权衡每项方案的利弊进行甄选。挑选出最有前景的设计方案，并创造出一个模板。寻找许多置身于现实问题环境中的人来测试方案，仔细记录测试结果。
- 审核。通过快速重复的方法对一系列的模板进行评估和完善，每一次重复都不断消除困难与疑惑，提高效益，从而产生更佳的设计方案，改善整体解决方案。

在IDEO项目周期中，实施与审核这两个阶段往往要重复多次，并在两个阶段间来回跳跃，以便将评估过程中的经验教训，尽快运用于新一轮构建改进型模板的过程中。

最后，创新作品得到实践，客户会提供反馈与新想法，随后新一轮的设计周期和对实用创新产品的新需求会再次成形，并推动一次全新的旅程。

IDEO的设计过程可以被视为一种强大的项目式学习方法。事实上，设计过程就是一个强大的学习过程。它创造了新的成果，提高了团队创新技能，加强了团队对问题相关领域及可能问题的理解。

学习设计和设计学习都是对创新方法的实践，像IDEO项目过程一样，它们将促进学生为创新时代的需求而作好准备。

○ 项目式学习有效的证明

研究结果表明，"细菌实验室"和SARS等项目实施中所运用的学习方法，以及"项目学习自行车"模式等学习框架中所运用的方法，都成功地增强了学习者更深层次的理解和更高层次的主动性和参与度,并培养了当今时代最迫切需要的 21 世纪技能。那么,日益涌现的此类研究对探究式学习法、设计式学习法和合作式学习法的有效性又是怎么评价的呢?

- 当学生能将课堂知识用于解决现实问题时,能积极参与要长期关注和持续合作的项目时,他们的学习会更深入。
- 相比学生的背景与已有的成就等可变因素,有效的合作式学习实践对学生的表现有更显著的影响。
- 当我们不仅教学生学什么,而且教会学生怎么学的时候,他们获取的成功是最大的。[3]

这些概括性结论是建立在对一项长达 50 年的研究进行透彻分析的基础上的。斯坦福大学著名教育研究员、教授和政策顾问琳达·达林·哈蒙德(Linda Darling-Hammond)和她的同事们在《高效学习:我们所知道的理解性教学》(*Powerful Learning —— What We Know About Teaching for Understanding*)[4] 一书中就探究式学习方法、设计式学习方法和合作式学习方法进行了一次全面的评审。

达林·哈蒙德教授和她的同事们分析了对三种学习方法的多方面研究成果,即项目式学习法、基于问题学习法和基于设计学习法。他们还分析了大量有关合作式小组学习法的研究文献。

以下是他们对研究成果分析后得出的总结性结论,此外,他们还对每种方法的核心亮点进行了研究。

合作式小组学习法

以小组形式参与集体项目的学生已经成为数百项研究的主体。所有的研究都得出了相同的结论,即相比单个的学生,合作完成学习活动的学生会更有优势。其优势既包括个体和群体的知识增长速度更快、更自信、自觉水平更高，又包括个体与其他学生的相处更融洽、感情更真实。

　　研究人员将四类问题同时抛给个体和合作型团队去解决，结果发现，无论是何种问题，亦无论参与者年纪大小，团队都胜过个人。[5] 此外，参与团队合作的个体也能够交出一份更佳的个人评估答卷。[6]

项目式学习法

　　正如 SARS 项目和"细菌实验室"项目所证实的那样，项目学习需要完成复杂的任务，最终要面向受众推出实际的产品、成果或演示报告。[7]

　　高效的项目式学习法具有五个重要特点：[8]

- 项目成果与课程内容和学习目标息息相关。
- 疑问和问题会引导学生接触相关课题或学科领域的核心概念或基本原理。
- 学生的调查研究涉及探究和知识构建。
- 学生负责设计和管理自己的学习。
- 学生所关心的现实疑问与问题是项目学习的基础。

　　研究者们对具备上述特点的学习项目进行研究后发现，学生在学习事实知识时的收获与通过较传统的课堂讲授法学习时的收获相等或更多。然而，进一步测试学生对其他学习技能的掌握情况尤其是更高层次的 21 世纪技能的掌握情况后，研究者发现学生在这部分的学习收获要远高于通过传统方法所取得的收获。

- 大量研究显示，相较于接受传统的学习方法的学生，接受探险或学习[9]以及 Co-Nect 学校[10]等全校性项目学习模式的学生在传统考试中的得分更高。"全校性"模式要求所有班级、教师、学生和管理者都参与项目，而不仅是若干课堂上的几位教师参与。

- 有一项由四、五年级学生针对各国住房短缺问题进行的研究发现，相较于接受传统学习方法的学生，接受项目学习方法的学生在批判性思维水平测试和学习自信程度上都更胜一筹。[11]
- 有一项规模宏大的研究跨度为三年，研究对象为英国的两所学校（两所学校收入和学生学业水平相近），研究显示，接受项目学习法来学习数学的学生通过"国家考试"的比率要远远高于采用更传统的课本和作业单进行学习的学生。不仅如此，前者还比后者掌握了更多更灵活实用的数学知识。[12]
- 在加利福尼亚开展了一项"挑战2000多媒体项目"的研究，结果显示，那些以制作"解决流浪学生问题"的多媒体手册为主要项目的学生，在内容掌握、吸引观众注意力和设计交流等方面，比运用传统的学习方法的学生团体的得分高很多。[13]

其他的对比研究同样记录了项目学习法的各种优势，如能增强学生定义问题的能力，用确凿论据来推理的能力，以及对复杂项目进行规划的能力。此外，还可以发现学生在自觉性、对待学习的态度以及工作习惯方面，也有不小的进步。

另一项重要的研究成果是，对传统教材讲授法不适应的学生，如果改为更能适应自身学习风格的项目学习法进行学习，会受益良多；更喜欢以团队形式工作的学生，也更适用于这种方法。

基于问题学习法

作为项目学习法的类型之一，基于问题学习法主要是通过案例研究方式，集中解决某些复杂的现实问题。以这种方法学习的学生，通常以小组的形式，对可能有多种答案和解决方案的问题进行认真研究，最后制定出切实可行的解决方案。

这其中的很多案例来自医学教育领域。在这一领域，医学生面临的艰巨任务是针对某个病例（基于真实的病史）提出合理的诊断、检查和治疗方案。这种案例法除了可直接用于其他职业学习之外（包括师范教育），还可以有效地用于法律和商业教育中。

对基于问题学习法和元研究法（meta-studies）的研究显示，与研究项目学习研究法的结果相似，就实际的学习效果而言，基于问题学习法与传统讲授法效果相当或更好。然而，在发展21世纪技能方面，基于问题学习法要比传统方法更胜一筹，它能帮助学生形成更灵活的问题解决能力、运用知识解决现实问题的能力以及生成可验证的假设和传递更易懂的解释的批判性思维能力。

范德堡大学认知与技术团队（CTGV）对问题学习法的研究长达10年以上。在一项对比研究中，来自11个学区的逾700名学生参与解决了CTGV提出的著名杰斯帕·伍德巴瑞（Jasper Woodbury）问题，结果发现，在评估项目的所有五个领域内，这些学生的收获远大于其他群体。这五个领域是：理解数学概念、计算应用题、规划解决问题的方法、积极学习数学以及向老师提供反馈。[14]

基于设计学习法

基于设计的学习方法跨越很多学科，例如科学、艺术、技术、工程与建筑等。本书之前介绍过的SARS"ThinkQuest"网站竞赛就是基于这方面的一个典型案例，它提出一个基于设计的问题，要求某个学生团队就共同感兴趣的话题，通力设计出一个教育网站。

- 首届国际机器人竞赛（www.usfirst.org）是另一个以设计式学习法为导向的案例。在案例中，学生团队要设计、制作并引导他们的机器人完成一系列竞争激烈的运动型物理挑战。

第三部分 实践中的21世纪学习

- 设计学习法在科学教育中尤其受欢迎，在这种教育中，许多项目课程，如密歇根大学开设的"设计科学"等，均要求中学生设计和制作船只、花房和弹弓。

- 乔治亚理工学院开设的基于设计的学习课程包含范围广泛的设计挑战，这些挑战能够帮助学生了解必要的科学原理。在一次"通过设计学习"的研究中，六年级的学生设计并制造了一整套人工肺部和呼吸系统各部位的工作模型。研究发现，相较于依靠阅读和记忆呼吸系统器官和功能的学生，采取设计学习法的学生更加系统地观察了呼吸系统，对其结构和功能也了解得更加深入。[15]

- 在一个为期五周的项目中，学生们需要通过设计一个操场结构来展现基本的几何原理，CTGV发现，在项目中不同能力水平的五年级学生的测量和丈量水平得以显著提高，在几何概念的标准考试中也都取得了优异的成绩。学生总共提交了37份操场设计，其中有31份设计（占总设计份数的84%）被认定为准确性达标，可以投入建设，这个比例是非常高的。[16]

○ 合作式探究法与设计式学习法实施的障碍

从研究结果中我们可以非常清楚地看出，合作式探究法益处颇多，但是研究也同样指明，要想使合作式团队学习行之有效，我们还需要注意以下几点：

- 挑选合群的团队成员，确定促进积极合作的团队规则；
- 挑选利于迸发不同思想与体验火花的小组活动；
- 采用讨论策略促进成员间的深度学习。

美国约翰霍普金斯大学的罗伯特·斯莱文（Robert Slavin）认为，"仅仅告诉学生去合作是不够的，他们必须有一个认真对待他人成果的理由"。

在使用探究式学习法、设计式学习法、项目学习法时会遇到相似的障碍。不熟悉该学习形式的学生必须培养自己随时可用的、使自己能提出相关的和有价值的问题的能力，以及找出合理证据的能力。此外，老师还必须引导学生更加独立地寻找问题的答案，研究问题的可能解决方案。

为使项目学习方式行之有效，老师必须留出时间来设计和规划项目活动，使活动符合学生的兴趣，满足学生和学校课程的需求，同时还应留出时间开发不易在标准的50分钟课堂时间内开展的拓展项目活动。

老师还必须承担协调员和教练的角色，而不仅仅是提供专业技能和指导。在21世纪，老师必须习惯于管理以新面目出现的新型课堂环境，支持多样化的学生团队独立开展工作，因为这样才能使他们更好地探索知识并重新理解知识，掌握将为他们在21世纪生活作好准备的技能。

21世纪教师自身还必须精通他们教授给学生的21世纪技能。教师需要与其他老师和专家进行合作、交流，以团队合作的形式创造和分享最佳的学习项目（这些项目能挑战学生们的兴趣与技能水平），并评估学生们的项目成果。

如上所述，这些研究提出的证据毋庸置疑：探究式学习法、设计式学习法以及合作式学习法以一种强大的力量，将学科内容的理解、基础技能的培养和21世纪应用技能的提高结合了起来。然而，这些研究也表明，采用这些方法均要求教育改变课程内容、教学方法、评估规则、教师的专业发展以及支持21世纪学习的学习环境。

接下来，我们将继续讨论这些教育支持系统，并研究它们正在发生怎样的转变以满足21世纪的需求。

第八章

重组学校教育：改造支持系统

> 我们必须超越对学科知识的掌握，提高教育的严格性和针对性，以增强其在西弗吉尼亚州、在美国乃至在全世界的竞争力。我们有责任培养出具备阅读与写作能力的学生，但是这些学生具备数据分析能力吗？他们有能力利用一流的技能组合解决具有挑战性的问题吗？他们善于有效地沟通吗？随着全球市场的竞争性日趋激烈，有没有这些核心技能，结果将有天壤之别。

史蒂文·潘恩（Steven Paine）**博士**
西弗吉尼亚州地方教育官员

经营好一所学校绝非易事。大量复杂的关系和支持系统必须协同驱动以为学生提供最佳的学习体验。

将校内外所有参与者（包括学生、教师、管理者、学校委员会、课程提供者、家长、社区成员、考试机构等）之间的关系用图示形式表现出来，能够绘制出一张错综复杂的系统图，如图8.1所示。

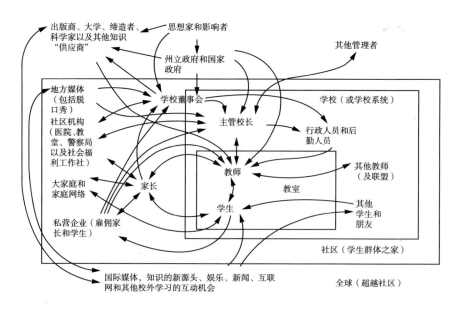

图8.1 学校教育相互作用系统图

资料来源：Senge et al, 2000.

P21框架提供了一个更加简单的方法，这种方法聚焦于教育工作者与家长所熟知的五种传统的教育支持系统。要想打造一个21世纪的学校教育系统，这些相互联系的支持系统必须通力合作：

- 标准。
- 评估。
- 课程和教学。
- 专业发展。
- 学习环境。

图 8.2 显示了这些支持系统在整个 P21 学习框架的大环境下是什么样的。

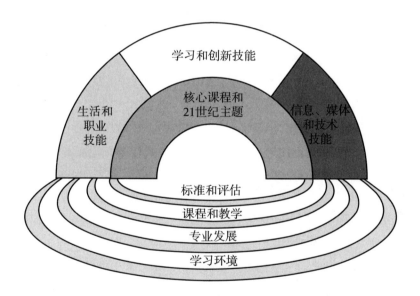

图 8.2　21 世纪学习框架

在本章节,我们先大体地了解一下为迎合 21 世纪教育需求,学校系统如何改造自身现有的教育系统。之后,我们将潜入"池底",深入了解 P21 框架中的每项支持系统,看看标准、评估、课程和教学、专业发展以及学习环境发生了怎样的转变,以支持 21 世纪的学习、理解和技能培养。西弗吉尼亚州的学校系统作为研究这个问题的例子,将为这种成功的方法提供具体细节。

同步改变系统

西弗吉尼亚州以秀丽的蓝岭山脉和与煤矿开采业的长期联系而闻名。作为该州公共教育的负责人,史蒂文·潘恩深知他的学生需要大步迈向21世纪。因此,西弗吉尼亚州早就启动了21世纪学习改革的倡议。[1]该倡议的关注点有:

- 严谨而有针对性的国际性课程标准(包括学科内容、学习技能和技术手段技能)。
- 平衡的评估策略。
- 基于研究的教学实践。
- 并行的责任系统。
- 并行的教师学习项目。
- 21世纪领导型人才的培养。
- 重视"学前教育"(Pre-K)项目。
- 技术手段在每个课堂上的整合。

西弗吉尼亚州的学校是怎样实现这些目标的呢?各个学校、各个地区、各个州或省,或各个国家,是怎样将20世纪工厂模式的学校教育系统转变为21世纪学习中心网络的呢?这些学校、地区、州或国家的社会的未来、经济的健康和公民的福祉完全取决于每位孩子是否都为学习、工作和生活的成功作好了准备。

随着全球其他学校系统正朝着21世纪教学模式而努力,在西弗吉尼亚州,对教育工作者和决策者而言,其答案就在于将系统的方式和创新精神结合起来。在设计教育系统时,他们既需要加入可实现的一小步,也需要设置一些大飞跃,并且每走一步就总结经验得失，纠正错误路线，明白哪些方法管用、哪些方法不管用，并且在这一过程中均为取得成果而欢欣鼓舞。

就 21 世纪教育系统而言，虽然全球各地因地制宜，独辟蹊径，但是改革过程中一些共同的模式和原则开始慢慢显露。全球范围内有许多成功案例的报告（如英国的"利用技术促进学习：下一代学习 2008-14"[2] 和新加坡的"少教多学"项目[3]），从这些项目中我们发现六条共同的原则：

- 愿景。
- 协调一致。
- 官方政策。
- 领导力。
- 学习技术。
- 教师学习。

愿 景

教育工作者、政府官员、商业团体、家长和学生都在应对 21 世纪教育上有着共同的、清晰的先见之明。这种共同愿景有助于主要利益攸关方坚守长期的承诺，改革教育系统。

P21 学习框架、达成一致的构建活动（如本书前言中的"四个问题练习"）以及有效的社区信息活动等都有助于这种共同愿景的形成。

协调一致

所有的教育支持系统（标准、评估、课程和教学、专业发展和学习环境），必须通力合作，以协调一致的方式推进 21 世纪的教育。

而现实却是，一个支持系统发生了变化（例如一门新课程诞生了），其他所有相关的系统（如学习环境、教师专业发展、相应的评估标准等），却并没有发生相应的变化。这些相互独立的变化或许会激起一时的热情，但是如果没有其他系统对改革的必要支持，那么这些变化最终会成为昙花一现的"试验"。

官方政策

为 21 世纪教育改革开拓道路的成功倡议者，已经将其新的改革措施以文件的形式写进了教育系统的政府政策文件，成为官方制定的学习标准、目标和方向，并纳入负责教育工作的权威部门所要求的评估与责任试点的材料中。不久，这些系统中的每一种都会提供更多经验。

此外，合理的倡议要求官方在过渡期内（至少是五至七年，有时会更长）提供充足的资金。这些资金需要支持长期规划和大规模改革项目的阶段性实施计划。虽然在向 21 世纪模式转型的过程中，教师专业发展和技术基础设施可能会需要一部分额外的资金，但总体上讲，资金投入主要是将现有资金转向支持新的活动。

采取这些措施，有助于确保一所学校在日常教学方法、课程和学习环境方面都能共同支持固定的 21 世纪学习目标，同时也有助于其抓住学习改革机遇、利用学习资源、深化学习改革成果。

领导力

一个成功的 21 世纪教育项目，既需要领导层分头努力，又要求他们协调开展行动。权威和决策部门必须由那些有能力作出最佳决策的人执掌，而技术必须运用于有效的沟通与协调。随着新方法、新过程的相继问世，相关的机构与人员需要花时间从他人的经验中多加学习。

因此，各层级的教育领导人（国家、州或省、地区、学校和班级）都必须坚定而又持续地领导所有的利益攸关者（学生、家长、教师、教育管理者、政府官员、社区成员），共同为实现21世纪的学习目标，即学习严密而实用的知识，增强理解力，熟练掌握21世纪技能而努力。所有的领导人还必须经常公开地交流目标进展，鼓励在21世纪教育体制中进行试点和创新举措。

学习技术

除了能够在课堂中使用笔记本电脑、手持设备及其他学习技术外，为学生提供在教室上网的便利途径也是任何21世纪教育重组工程中的一项关键内容。但是，所有技术必须集中服务于每位学生的21世纪学习目标。

管理技术（如学生信息数据库、评估追踪系统、学校门户网站、课堂管理系统、家长交流、视频监控等）应将运营学校或教育系统的大部分信息管理工作自动化，以腾出时间与资源服务于教学质量的提升和学生进行有效的21世纪学习。

教师学习

在所有成功的学校教育转型案例中，新教师和实习教师的专业发展都是教育领导者们工作的重中之重。教师自己必须成为21世纪的学习者，采用探究式学习法、设计式学习法和合作式学习法，成为一支强大的专业教育工作者团队。

无论是刚从教育学校毕业的新教师还是已经教书育人20载的资深教师，都必须学会提高自己的设计、指导和帮助技能，以引导与支持学生的学习项目。教师还必须不断锤炼运用学习技术的能力，帮助学生深化理解，进一步强化其21世纪技能。

这些教学方法是对传统教育方法的一大突破。一直以来，教育类学校始终没有广泛传授这些方法，教师专业发展项目也未普及这些方法。然而，对21世纪技能以及培养这些技能的教学方法的需求的日益增大正快速改变着这一局势，如纽约市哥伦比亚师范学院等的教育类院校和全球各地的许多教师专业培训，都在努力向一种21世纪教育模式转变，其中包括设计和实施探究式学习法、设计式学习法和合作式学习项目，为教师创造更多的掌握21教学方法的机会。

○ 支持系统

重塑每一种传统的教育支持系统，打造成功的21世纪学校和学习共同体。以下内容将对这些系统取得的一些进展进行回顾。

标 准

标准的制定旨在回答这样一个问题：我们的孩子应该学什么？20世纪的标准文件往往长篇大论地列出学生在特定年龄或年级针对特定学科需要学习的内容。

在21世纪，标准强调的是学生"能用这些书本知识干什么"，即规定学生在将书本知识用于从事每门学科的实际工作时，应当使用什么技能。这些21世纪标准还包括针对某一既定标准，规定熟练程度等级，从初级直到专家级。

例如，表8.1展现的是对西弗吉尼亚州制定的学习标准中的"五年级科学课知识掌握标准"进行重新设计后的一部分内容。

虽然全球各地制定标准的方法各异，但在过去10年内形成了一种新趋势，即创造覆盖庞大学科内容主题的精细化标准。有人估计，这些标准"有几英里宽几英寸厚"[4]，在某些情况下，学生需要花费22年的学校教育时间才能充分学完一组基础学校标准文件中规定的所有内容。

此外，测试学生对教学内容的掌握情况也需要花费很长时间，因此，考试设计人员每年仅考查标准内容中的一小部分，然后每年不断变化考查内容。

从许多方面看，制定标准是为了方便考试。针对标准所限制的考试内容，最佳方式是通过在机器评分考试中做完多项选择题,而这些方法却普遍用来衡量学生的学习情况。

这也导致老师集中关注"知识范围",肤浅地对学生进行"填鸭式"的教育,强调为基于标准的考试做好背诵和记忆工作,而这种高风险的基于标准的考试,在很大程度上决定着一个学生未来的学习之路。[5]

表 8.1 西弗吉尼亚州制定的五年级科学课标准

五年级	科学			
标准 3	科学的应用			
科学课、五年级 3 级标准	学生应该:探索部分与整个系统之间的关系。建立各种各样的实用模型;检测发生在某一对象或系统中的变化。对科学技术之间的相互依存有一定的理解。展现出使用技术手段收集数据并交流设计、结果与结论的能力。展现出评估不同观点对健康、人口、资源和环保实践等方面影响的能力。			
表现描述(科学课、五年级 3 级标准)				
卓越	精通	掌握	部分掌握	新手
达到卓越水平的五年级学生应能对某个模型整体功能起运作作用的各部分的作用进行评价;使用令创新成为可能的科学手段识别创新;挑选并使用合适的技术手段收集科学数据;对媒体来源加以利用,并评估与健康、人口、资源或环保实践等方面有关的观点。	达到精通水平的五年级学生应能分析促成一个模型运作的各个部件;比较促成创新的科学手段;识别并使用合适的技术手段收集科学数据;对媒体资源进行对比,并评估与健康、人口、资源和环保实践等方面相关的两种不同观点。	达到掌握水平的五年级学生应能比较各部件的运作和一个模型的运作;报告某项技术创新;使用合适的技术手段收集科学数据;使用两种媒体资源来评估有关健康、人口、资源或环保实践的不同观点。	达到部分掌握水平的五年级学生应能解释一个模型各部件如何运行;识别出一项技术创新;使用技术手段收集科学数据;识别某个媒体有关健康、人口、资源或环保实践的观点。	达到新手水平的五年级学生应能辨别某个模型的各个部件;确认某项技术创新;利用技术手段收集数据;辨别对健康、人口、资源和环保实践等相关主题有看法的媒体来源。

虽然许多国家的多数学校开始向更加正确的21世纪教育方向迈进，但是"为考而教"的趋势却早已成为了一种全球现象。近期，一份针对北美洲、欧洲、亚洲、拉丁美洲和非洲等23国教师的国际性调查显示，全球学校最常用的教学实践为填写作业单，让每名学生以同样的速率和顺序完成相同的任务和考试。[6]

如此，学生就没有多少时间深入思考问题、深化理解或掌握21世纪技能，几乎没有时间通过合作探索可能使他们真正能专心学习的疑问、焦点问题或现实问题。

既然如此，我们怎样才能从这种20世纪标准模型转型为一种21世纪模式呢？

正如新加坡教育机构提出的那样，"少教、多学"。要将标准集中在每门学科领域数量较少的那些核心知识点上。要确保将经常易被忽略但对学生具有现实针对性的问题（如数学中的统计学和概率学、科学中的人造技术世界）纳入其中。此外，还要包含和嵌入21世纪技能，使其成为学习标准的内容之一。

作为例子，下面介绍西弗吉尼亚州五到八年级的三条21世纪技能标准：

标准1：信息与交流技能。学生要运用恰当的技能，获取、分析、管理、整合、评估和创建各种形式的信息，并以合适的口头、书面或多媒体表达形式来交流这些信息。

标准2：思维与推理技能。学生应展示出探索和挖掘新思想、有意运用科学的推理过程以及运用恰当的技术手段设计、分析和解决复杂难题的能力。

标准3：个人与工作技能。学生要展现出领导力、道德行为和对他人的尊重；为个人行为对别人的影响承担责任；积极主动地计划和执行任务；领导团队成员开展富有成效的互动。

标准应当关注现实问题，以促进学生学习那些包含21世纪主题和跨学科问题的学科知识。对不断发展的跨学科领域知识（如生物工程和绿色能源技术）进行整合，将有助于培养其相应技能，当他们踏入工作市场求职时，有了这些技能就有可能会找到满意的工作。

在设计标准时还应注意，随着学生逐年升级，标准的深度也应逐级增长，并随着时间的推移探索核心知识点的不同方面。在这种方式下，理解建立在前期工作的基础上，技能的掌握也随着时间的推移而熟练。典型的例子如四年级对古希腊文化的学习，八年级对雅典民主的学习，以及十二年级对古希腊与其他政治哲学和实践进行的比较研究。

应采用多种方法，参照标准来评估学生的表现，尤其是在21世纪技能掌握上的表现。这些评估方法可能包括对各种学生项目作品的评估、课堂观察和表现评语、在线测试、模拟评估、考试委员会陈述以及平时的表现和成绩。

评　估

问题不在于教师"为考而教"，而在于教师需要考那些值得教的知识。

——劳伦和丹尼尔·雷斯尼克（Lauren and Daniel Resnick），1992

对学生技能和知识的评估不可或缺，因为它们不仅能够指导学习，还能够反馈教师和学生在实现预期的21世纪学习目标中的成绩表现情况。

"你考核学生什么，学生就能学到什么"，这是教育评估中经常使用的话语，而10年来，片面而高风险的考试却只考查学生在少数学科领域（语文、数学、科学和历史、地理等社会学科）中掌握学科知识的情况，这也是"为考而教"流行的原因。

近期的考核标准和评估实践都侧重于关注学生知识内容的掌握情况，这就需要进行高风险的考试。这些剑拔弩张的考试能够决定一个学生未来的学习和职业道路，同时也被用于（通常是误用）评判整所学校和该校教育工作者的质量和素质。

对"教学后测试"（终结性评价）的强烈关注，降低了"教学中评价"（形成性评价）的价值。形成性评价（如测试和实验报告）通常被称为"为学习而评估"，与终结性的"对学习的评估"相对应。对教师和学生双方来说，形成性评价比终结性评价更具价值，因为它们能够提供实时反馈，允许快速调整教学方法以适应教学，从而更好地满足学生的即时学习需求。

对高风险终结性测试的关注还降低了其他各类真实性评估方法的价值，如从拓展性论文、同行互评、自我评价到由评估准则或专家组评断的项目工作（如本书先前提到的在 ThinkQuest 竞赛中对 SARS 网站的考核）。

可悲的是，拥有特殊学习需求的学生、有阅读障碍的学生或第二语言学习者，通常在标准化的选择题考试中表现不佳，这是因为这些考试对阅读技能的要求非常高。尽管会有一些适应性的调整，但也只是将许多拥有特殊学习需求的学生暂不纳入评估过程。

在近期的评估实践中同样被毫不留情地排斥在外的，还有对必不可少的 21 世纪技能的评估，以及对通过严谨的学习项目所收获的深层次理解能力和应用知识的衡量。

因此，21 世纪的评估方式需要实现一种新的平衡，这种新平衡不仅将有效地反映学生对某个学习主题的理解程度、在 21 世纪技能方面取得的进步，而且评估范围更宽更广的能力素养情况，以此更好地体现一名学习者的整体素养。那么，我们怎么做才能实现这种平衡呢？

我们需要更合理的终结性测试和形成性评价来评估内容知识、基础技能、高阶思维能力、领悟力与理解能力、应用知识以及 21 世纪技能等方面的综合表现。此外，将评估嵌入持续的学习活动中，提供及时的反馈，推荐能够促进学生理解和提升成绩的其他学习活动，对于实现这种平衡也会非常有效。

如果一项测试能够衡量学生的基础技能和应用技能两个方面，那么就无需更多的测试了。考试不求量多，只求合理，我们要做的就是优化测试，在测试中考查更多学生应该必备的 21 世纪技能。[7]

图 8.3 展现的是西弗吉尼亚州十一年级的一项社会研究学科的终结性测试项

目，该测试不再仅停留于考查学生对事实的记忆。为了节约成本，该测试的形式目前正以电子化取代纸质化。

十一年级——公民权	
分析民事责任变化的实质	知识深度　3级

提示：你所在城市的镇长应邀在某学校大会上就公民权作演讲。作为演讲内容的一部分，她与贵校十一年级的学生分享了以下图表与信息。请基于她的演讲，选出问题八的最佳答案，并填满圆圈。

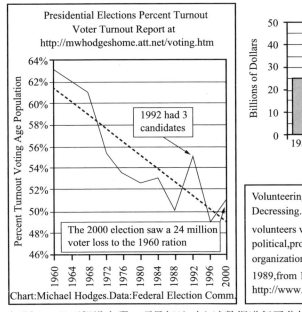

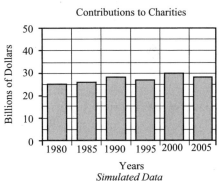

问题八：以下假设中哪一项最好地对上述数据进行了分析？
A 所有形式的公民参与都显著下降。
B 虽然慈善捐助的数额一直趋于稳定，但是其他领域的公民参与大大减少。
C 需要个人时间的公民参与比被迫参与的更加流行。
D 上述数据无法得出结论。

图 8.3　西弗吉尼亚州十一年级社会科学考试题

还有一个更可靠的 21 世纪评估方法的优秀案例，即由教育辅助委员会和兰德公司共同开发的"高校工作与工作标准评估"（College Work and Readiness Assessment, 简称 CWRA）。学生用研究报告、预算和其他行文方式，辅助完成对某个复杂问题（如怎样管理由人口增长引起的交通堵塞问题）的解决方法。正如一名九年级的学生在完成 CWRA 测试后说的那样："我提议为城市建立一个新型的运输系统，虽然它造价很贵，但将有效地减少污染。"[8]

我们需要采用一种完整的实时形成性评估方法，测试学生对内容知识、基础及高位思考技能、领悟力与理解能力以及对 21 世纪技能掌握的综合情况。可以用来评估当前学生学习进展情况的有效方法有很多，以下只是其中的几种：

- 学生写拓展性论文。
- 教师通过手持设备写观察评语。
- 在线快速调查、测试、投票和博客评论。
- 对解答在线模拟挑战和设计问题的进展情况进行跟踪。
- 对当前项目工作的档案袋进行评价及进行项目中期审查。
- 专家评估当前的社区实习工作与社区服务工作。

还可以将形成性评估综合起来，成为终结性评估的一部分，从而提供丰富的多重测量结果，并将此作为基础，在项目末期或单元结束时对学习目标与标准进度进行一次评估。

基于技术手段的评估方式可以自动完成一些评估学生表现的劳动密集型任务，并提供评估学生技能表现的新方法，尤其是在基于现实场景的模拟时，更容易实现。

由于评估结果往往会驱动所有教育支持系统的发展，因此，大量有前景的全国性和全球性的倡议得以实施，其目的是设计一组平衡的21世纪评估模式，使其能真正与当今时代最迫切需要的更深层次的理解能力与技能相结合。这些21世纪评估模式，有望为人们提供一幅对"全能儿童"及其全面能力进行更广阔描绘的图景，将涵盖一个健康、安全、积极、主动以及获得支持与激励的儿童的认知、情感、身体、社会和道德各个方面。[9]

课程和教学

迄今为止，我们已经讨论了21世纪有效学习方法的许多特点，以及采用探究式学习项目、设计式学习项目和合作式学习项目的21世纪教学方法的模型。为了构建知识、理解力、创新力和其他21世纪技能，将这些学习方法与更加直接的知识授课形式结合起来，形成一种课程，是当前我们最迫切需要的。

21世纪学习方法开始发挥作用的一个鼓舞人心的标志是一项近期的公告。公告内容称，麻省理工学院将停止以大型讲座（超过300名学生参加）的形式开设基础物理课程的做法，取而代之的是让学生以小团队的形式亲自完成实验，参加以电子计算机互动活动和小型视频授课为基础的活动。结果，课堂出勤率提高了，课程考试的不合格率降低了50%。[10]

那么，想要实现21世纪新的平衡，课程和教学怎样发生改变呢？

对于正在向21世纪模式转型的大多数教育系统来说，合理的目标可能是用一半的时间进行探究式学习项目、设计式学习项目和合作式学习项目，用另一半时间开展较传统较直接的教学方法。一旦该目标得以实现，那么越来越多的直接教学将产生于学习项目中有待解决的疑问与问题中，而待疑问与问题解决后，学生就可以继续他们的项目工作了。这样的教学会更具针对性，也更有可能令学生记忆深刻。

设计学生感兴趣的学习项目并按顺序排列，从而使它们能不断满足学生在校时逐渐提高的学习标准，加深学生的理解，培养学生的21世纪技能，这将成为许多教育系统面临的一项艰巨的挑战。幸运的是，越来越多的网上图书馆和资源库包含了丰富的有效学习项目，非常有助于开发此类需持续多年的项目或基于知识单元的课程。（请参见附录A。）

同样，基于项目评估方法的在线课程和远程学习课程也是在校课程的有益补充，尤其是当本地教师无法教授特定课程时，则显得更为方便。

教师专业发展

21世纪技能转型能否成功，取决于当前每天都在全球各地的学校和课堂上发生的这些改变。教师身处这场变革的前沿，他们必须掌握知识、技能和支持力，才能成为21世纪的成功教师。

无论是对于正在接受培训的新教师还是正式上岗的教师而言，教师专业发展的项目都在面临挑战。在这些项目中，教师学到一些必要的学习经验，有能力将探究式教学法、设计式教学法和合作式教学法融为一体，从而为在日常的课堂授课中有效地使用技术和21世纪技能评估方法作好准备。

将21世纪学习方法传授给更多的教师是很多机构在做的事，一个经典案例是：西弗吉尼亚州正在州内向所有教师传授项目学习法。除了参加州和所在地区开展的项目之外，西弗吉尼亚州的教师们还利用政府提供的各式各样的专业发展课程，包括英特尔未来教育项目和甲骨文教育基金会的"项目学习学院"，不断磨炼自身的21世纪技能，从而学会如何将这些技能传授给自己的学生。

一位西弗吉尼亚州教师的成功项目

2007年，来自圣奥尔本斯小学的五年级教师德布·奥斯丁·布朗（Deb Austin Brown）与全球各地80位教育工作者一起学习了如何设计与领导有趣的学习项目，帮助学生打造21世纪技能，加深其对学校课程的理解。她学习了如何领导与支持一个学习项目的所有阶段：在项目周期内完成定义、规划、实施、审核以及如何进行管理。

在全球各地教师们的帮助下，在一种利用工具与数字空间对所有在线项目环境进行监控的支持下，整个项目运行良好，德布设计出她所谓的"成功项目"。在该项目中，学生要挑选一位成功的历史或当代领袖，探究是什么助推了该领袖人物的成功，随后制作网站记录下他们的发现。全球各地的学生在浏览网站后会给予他们反馈与评价（这些学生是德布在培训中结识的国际教师的学生）。最后，学生通过学校展览将自己的发现告诉其他学生、教师、家长以及社区领导者。

德布的其中一位学生名叫莱恩（Ryan），今年五年级。他学习积极投入、热情洋溢。他通过采访社区内的知名科技公司的领袖，甚至采访了西弗吉尼亚州的州长，从而持续不断地磨炼自身的成功技能。

德布的"成功项目"肯定能够帮助莱恩成为一名更加优秀的21世纪学习者和未来领袖。

若一个专业发展项目能够给教师带来知识、工具和实践，从而使他们成为成功的21世纪教师，那么该项目便是成功的，而成功的项目具备以下几个共同特点[11]：

- 鼓励有经验的、敬业的教师完成设计、实施、管理和评估学习活动与学习项目等具体任务，并观察其他教师采用的方法与技能。这样做有助于明确他们的自身价值，让他们明白是什么使学习有效。

- 除了专业研究提供的成果之外，主要通过教师自己提出的疑问、问题、议题和挑战来提高其素养。

- 强调协作，利用集体经验、其他教师的专长以及正在研究21世纪学习方法的更庞大的教育工作者团体的专业知识。

- 除了将技术与更大范围的学习领域结合起来，还将教师自己的工作与学生、课程和学校文化结合起来。
- 建立长效机制，就教学实践的议题与其他教师和管理者一起建模、辅导、指导和通力解决问题，收获源源不断的支持。
- 将学校改良、改革和转型的其他所有方面结合起来。

对 21 世纪教师专业发展进行强有力的投资，对于全球教育系统的转型至关重要。这些投资行为必须与正在作出改革的课程内容、评估方式、评估标准以及整体学习环境完美地结合。

学习环境

21 世纪学习环境包含许多重要因素，这些因素共同支持着 21 世纪的教与学：

- 有形建筑、教室、设施及其设计方案。
- 学校的日常运作方式、日程安排、课程设置与活动计划。
- 教育技术的基础设施。
- 教师、管理队伍和其他人员组成的专业团体。
- 学校文化。
- 社区的关注与参与。
- 教育系统的领导与政策。

为了满足每位孩子独特的学习需求，创造 21 世纪学习发生的最佳条件，我们必须创造新的学习结构、工具和关系。打造 21 世纪"针对学生全方位发展的全方位环境"，即涉及改变教育上对空间与时间的利用，也关系到人们对技术、社区与领导力的教育用途。[12]

学习空间与时间。21世纪的学习正不断扩展空间与时间的边界。随着互联网的流行与普及，越来越多的学习发生在线上、放学后、家庭中、图书馆和咖啡店里。无论何时何地，我们都可以进行学习活动，学习也愈发深入日常生活的方方面面。

学习的物质环境（教学楼和基础设施），也必须进行改良，变得更加灵活，为更多的学生、教师提供便利，也为技术互动与活动提供条件，如图8.4所示。

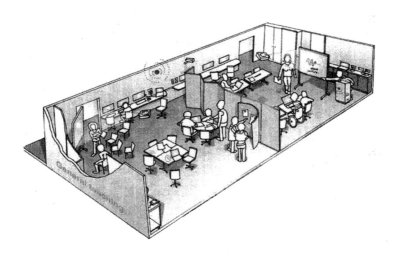

图 8.4　新的学习环境

21世纪的学校设计方案必须同时满足项目工作、团队展示、个人学习与研究、在电脑前的团队合作以及演示空间，用于做实验的实验室与实验工作坊，用于进行体育运动和娱乐休闲的场所等。建立一间灵活的、需要时可以进行重组的"学习工作室"，将是21世纪学习蓝图的一个重要组成部分。

这些教室与学校设施也必须从容应对"环保"问题，即在使用能源与资源时更有责任心。这是利用学校环境的一个绝妙机会，可以将其当作学习实验室，从而提高能源使用效率和对水资源的保护，也可以在学校的花园和微型农场种植食物，供学校和附近社区食用。

  学校还可以成为其所在社区的学习中心，社区居民对学校设施的利用将成为学校设计的一项重要目标。随着学校渐渐将更加真实的以社区为基础的学习项目融入日常的教学中，学校将作为社区的学习与服务中心，集健康服务、保育服务、家庭服务、社会服务、文化服务、园艺服务、爱好与娱乐服务于一体，这将是一个发展趋势。社区生活走进学校，学校在社区生活中的地位也将愈发重要。社区校园的成功案例有很多，如位于芝加哥、休斯敦与费城的很多社区学校[13]，还有一些在社会和教育项目中得到政府投资的国家和地区，如丹麦、荷兰、芬兰、瑞典和法国。此外，还有一些发展中国家的农村地区，学校在农村也起到了社交和文化中心的作用。

  灵活运用时间也将是学校运行中的又一挑战。农历放暑假、带有工业色彩的50分钟响一次铃的工业时间将不复存在，取而代之的是弹性的上课时间、全年制教育、开放的课外时间和周末，以及参加拓展项目工作和社区服务活动的时间。教师用于协调和规划丰富学习活动与项目的时间也将是21世纪学校校历中必不可少的组成部分。

  用技术手段学习。毫无疑问，技术手段将为学习者带来巨大的益处，协助他们培养21世纪技能和知识。在21世纪的学校，完善的技术设备的重要性完全不亚于电、光和水，因为完善的技术设备能够通过持续在线的宽带网络来操作多样的数字化学习工具与设备。研究显示，当技术与学习内容、合理的学习原理、高质量的教学以及集评估、标准、质量于一体的学习体验与每个孩子的需求紧密结合时，学生的学习收益会最大化。[14]目前的挑战是，如何从范围日益广泛的学习技术和工具中挑选恰当的工具来完成恰当的学习任务。在随时随地的学习世界中，移动工具将尤为重要，因为它能使学生、教师和各团队妥善保存、组织和轻松地在线读取所有的工作。

如前所述，我们的网络一代"数字原住民"学习者可以互相帮助，抑或帮助他们的老师采取最佳的技术来开展21世纪的学习活动与课程项目。教师和学生将更多地以团队的形式（与家长、伙伴和其他有关的团体成员组成一个完整的学习团体）来确定最佳的学习路径和手段，从而支持每个学生的学习项目。

当前和今后一段时间的学习与思维工具非常适合培养21世纪技能需要的各类学习经历，这些经历包括那些旨在应对现实问题、议题、疑问和挑战的探究式学习法、设计式学习法和合作式学习项目。

学习团体与领导力。在当今时代，教育一个孩子不再仅限于一个小村庄。

为一个孩子提供教育机会所涉及的人力和资源网络真的可以遍及全球，正如下文"打开21世纪学习团体之门的钥匙"所描述的那样。

打开21世纪学习团体之门的钥匙

哈里（Harry）在库马西市郊的一个村庄里长大，库马西在加纳共和国的海滨城市、首都阿克拉的北边。升入高中时，他的学校刚刚在课程中引进电脑。哈里起初无法使用这些机器，但是最终他理解了电脑的作用，他仿佛突然间看到了自己的未来。

对哈里来说，电脑是将他与世界上其他地区联系起来的数字化钥匙，也是获取更多机遇的通行证，这些都是他所在的小村庄无法给予他的。哈里还发现，他能帮助像他一样的学生把握好这把钥匙，从而使用它改变他们的人生。

在电脑老师的鼓励下，哈里参加了一次ThinkQuest竞赛，帮助建立一个有关海洋哺乳动物的网站。然而，由于没有属于自己的电脑（在加纳，电脑是一件非常昂贵的物品），哈里不得不每天在灌木丛的小径中步行数公里来到附近唯一的一家网吧，用他那微薄的零用钱来支付上网费用。他与美国和澳大利亚的学生一起在网络上工作了数月。当哈里得知他所在的团队获奖后，欣喜万分——所有的付出都得到了回报。

哈里又参加了其他的网络竞赛，但仍然没有一台属于自己的电脑，他希望能通过获得的奖金买一台电脑。他一边开发更好更优质的网站，一边帮助加纳的其他学生学习如何用电脑沟通、合作与学习。终于有一次竞赛将哈里带到美国，接受由美国国务院颁发的"外交之门"的奖项。

在他的美国之行中，哈里应邀在 ThinkQuest 大会上分享自己利用技术来学习 21 世纪技能的经验。发言完毕后，哈里惊喜地发现，自己的愿望实现了——为了表彰他不畏困难、勇于挑战的杰出成就，哈里获赠了一台属于自己的电脑。

哈里继续着他的事业，不断地帮助加纳和世界各国的学生利用学习技术打开学习和机遇大门。

来自加纳的哈里收到了来自各方的支持与鼓励，包括他的家庭成员、老师与学校的管理者、其他国家的学生队友、评估他的成果并给予反馈的各国教育工作者，以及赞助教育竞赛的国际基金会和政府机构。

有了坚定的决心，有一个为他提供支持的学校团体，再加上对大量 21 世纪技能的运用，他成功加入了一个全球性的学习团体，找到了进一步发展其学习和职业生涯的机会。

全球各地的学习环境会不断地为学生提供此类机会。在各地教育机构的强力支持下，一个开放的全球性学习团体渐渐成熟，并形成了以机遇、信任和关爱为主的团体文化，各地的学生都将成为该学习团体中的一部分。

同样，成功的21世纪教育领导者应聚焦每个学生的学习需求，学习团体（由教师、管理者和家长组成）提供所需的支持与帮助。这些成功的领导者眼界开阔，在校外或国外寻觅全新的学习机遇，关怀学生与相关成员的幸福与全面发展。[15]

成功的教育领导者也将在全球范围内与公司、基金会、非营利性的教育组织、团体组织和其他学校和教育机构建立合作关系。这会带来全球性的机遇，使他们能够有幸与全球的专家和其他学习者一起合作学习，为他们在21世纪真正的"地球村"中生活与工作作好准备。

○ 从技能到专业技能：未来学习框架

对21世纪学习的教育系统进行设计、再设计，创造、再创造并非一件易事。我们的时代正经历着巨大的改变，也创造了难得的机遇，在这个时代我们将会遇到重重障碍。

幸运的是，我们拥有数量巨大且仍在增长的学校，校际网络，州、国家，热情而敬业的教育领导者以及优秀的教师，他们已在21世纪教育转型道路上取得了巨大的进步。他们在规划学习的新道路时所作出的开创性的努力为我们带来了希望、信息和灵感，使我们相信：我们能够掌握更好的学习方法，从而让我们的学生为当前时代和即将来临的时代作好准备。

然而，一百年太久，唯一不变的就是变化。随着我们迈进21世纪，我们需要发明新的学习方案、设计新的学校教育，找到让学生为未来作好准备的新途径，因此很显然，21世纪学习任重而道远。

正如极有远见的技术专家、教育家艾伦·凯（Alan Kay）说过的那样："预测未来的最佳方法就是创造未来。"

如第一章所述,知识和创新型社会高度重视专业技能。图 8.5 简述了专业技能在 21 世纪工作的价值链中起到的关键的连接作用。

知识时代的价值链

数据 → 信息 → 知识 → **专业技能** → 市场营销 → 服务(以及产品)

图 8.5　知识时代的价值链

在 21 世纪,学习可以被看作运用适用的最佳方法培养出大量的优秀专家,这些人才不仅对知识有深度的理解,而且能成功地将所学知识用于解决当前时代中的重要疑问和问题。

然而,专家与新手的区别在哪里呢?

数十年来,人们围绕认知心理学、神经系统学以及其他学习科学展开了大量研究,我们已经拥有大量"有关专业技能养成的专业技能"——这些知识包括专家如何思考,如何运用他们的知识与技能思考。[16] 如今我们知道,专家都具备以下特点:

• 注意到新手容易忽视的重要模式与特性,如气候学家会将不断增多的大气二氧化碳与升高的全球温度联系起来。

• 具备广泛的学科知识和丰富的经验,有强大的理论和深度理解,如一名律师了解判例法中与消费者安全诉讼有关的重要部分。

• 能够从广博的知识库中挑选最适合解决手头问题或议题的事实、理论和过程,如一名医生了解某种特定的肺部感染的组合治疗方案。

• 能够最快地在头脑中检索相关的知识,如一名经验丰富的汽车修理工能够通过引擎声立刻诊断出一辆汽车的问题在哪里。

我们还知道，专家能以比新手更高效、更有力的方式来利用学习工具和技术。专家们使用数字化思考工具不断拓展、组织和强化专业技能，并利用自己的知识与技能解决全新的、更加复杂的挑战。

专家往往对自己所在的领域抱有热情、情有独钟。他们在专业团体中与其他人有着共同的动机、价值观、态度和信念，深切关注专业领域的议题与困境。知识、技能、思维工具、动机、价值观、态度、信念、实践社群、专业身份——所有这些都是专家世界的重要组成部分。

随着我们越来越深入21世纪，热情忙碌的学习者和教师将会拥有更多的专家特质，并以专家们的实践为模板来改造自己的学习。

既然如此，这一现象将会如何影响我们当前的21世纪学习框架与模式呢？

当前P21"彩虹"模式中的知识与技能的关系可能会被一个更加全面的模式取代：这种模式将学习者置于日益广阔的学习支持系统同心圆的中心，如图8.6所示。

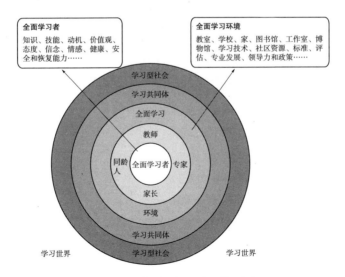

图8.6　未来可能的21世纪学习框架

在这种模式中，具备各个方面专业技能都在发展的"全面学习者"处于核心位置，这里的专业技能包括知识、技能、动机、价值观、态度、信念、情感、健康、安全、恢复能力和其他品质。

直接环绕学习者的是对他们的学习影响最大的人，包括其他学生和同伴、家长、家庭成员、老师、专家等。

该模式的下一个同心圆是全面学习环境，它的组成部分有场所、工具、技术、社区资源、博物馆和美术工作室等非正式教育空间，以及学习标准、评估、教师专业发展、领导阶层与教育政策等正式教育支持因素的集合。

学习型社会和学习共同体是该模型的其他两环。陪伴学生学习的人物、地点和物体是学习社团的主要组成部分，学习共同体主要是指一个国家的全国性（现在越来越国际）教育机构和支持学生教育的文化服务。

该模式的中心圈被置于更大的学习世界，即由经历构成的物质世界和由知识、技能和专业构成的精神世界。

随着我们逐渐深入21世纪，越来越多的国家将越来越重视学习。他们将学习经验镶嵌于生活与文化的各个方面，最后形成一个学习型社会。这个社会把所有公民受到高质量的教育作为国家发展的重中之重。

第九章

结论:终身学习——创造一个更加美好的世界

> 由于我们身处创新时代,因此实用性教育必须让每个人为尚未问世的工作以及尚无清晰定义的工作作好准备。
>
> 彼得·德鲁克(Peter Drucker)

> 在这个新时代,财富与资本的真正来源不是物质,而是人类的心智、精神、想象力与对未来的信仰。
>
> 史蒂夫·福布斯(Steve Forbes)

当下，我们的新闻会扩散至地球上每个角落的屏幕上；我们的电话呼叫通过一条错综相连的全球性通信格上下跳跃；我们的金钱通过一条全球电子金融网络上涨和下跌；我们的企业全天候地与分散在各个时区的团队合作；我们的消费品汇聚于一个全球性的供应链；我们的国民经济体相互依存，形成一个全球经济体；我们的学生也正在与全球各地的学生发生着联系。

我们进入了一个崭新的时代，所有的边界与界限都消失得无影无踪，我们所面临的一个现实，正如预言家巴克明斯特·富勒（Buckminster Fuller）常说的那样："我们都是一艘巨型宇宙飞船上的匆匆过客。"

虽然教育全球化的起步稍晚，但是它正在快速追赶。当前，各国的教育领导者不断得到商界人士和政府官员的支持——教育被看作通往经济康庄大道的黄金门票。

我们如何教育自己的孩子（无论他们是否习得了当下参与全球经济并使其繁荣发展所需的技能），将决定着我们每个人未来的健康、财富和福祉。

这次的全球经济衰退已经给我们带来了惨痛的经历，并告诉我们：如果无法为孩子提供 21 世纪教育，那么生活将是什么样子。虽然全球经济衰退的原因并非直接与教育有关，但其结果却给我们上了重要的一课。

这次经济衰退让很多人失业，维持生计也变得愈发艰难，这在严肃地警告我们，如果在 21 世纪我们的公民还在接受 20 世纪的教育，那么一个国家将会变成什么样子。在世界上的许多国家中，这种经济萧条早就成为了其日常生活的一部分，人们每天靠一美元甚至更少的钱勉强度日已成为常态。

没有人希望经济萧条，生活水平下降，经济疲软，社会服务变少，或是希望在绝望中苦苦挣扎的家庭看不到希望——任何国家都不需要或不想要这样的未来。

防止此类悲惨厄运的最保险的方法，或者说走向更加繁荣富强的未来最大的希望，就是持续不断地为所有的孩子提供21世纪的教育，即使经济大环境再艰难也要坚持下去。无论生活在印度、印第安纳州、印度尼西亚、爱尔兰、伊朗、以色列、冰岛或意大利（这8个国家或地区的英文名均以"I"开头。——译者注），所有的学生都需要学习同样的21世纪技能，找到一份好工作，为各自的社会作出贡献。

由于各个国家对21世纪教育有着共同的愿景，可以为实现相似的学习目标与方法而努力，因此每个国家都在不断探索怎样才能更好地实施21世纪教育体制这一问题，然后在全球范围内共享这一专业成果。这意味着如果一个国家产生一项成功的学习创新，那么该国在该学习创新上的投入也会随着其他国家把这一创新纳为己用并作出适当的改良而产生大规模的影响。

随着国际性教育合作与协作（这是一项必不可少的21世纪技能）的日益频繁，每个国家都能够贡献力量，共同打造一个全球性的学习网络，它将与我们现有的全球商业网、金融网和通信网一样强大和普遍。

正如我们已经看到的那样，全球的学生都已经开始彼此联网、相互学习，在各种各样的学习项目和活动中建立联系、相互分享与通力合作。每天，网络一代的学生都在帮助打造这个全新的全球性学习网络，体验学习无边界带来的自由与快乐。

我们在打造一个学习与日常深度融合的社会上已经取得了显著的进步；我们口袋中的数字化设备能够解答我们的疑问，也能够让我们在弹指之间联系上朋友；中小学和大学正成为周边地区和村庄新型的学习中心和社区服务中心；合作式学习活动与项目从未像现在这样，越来越频繁地成为我们在家庭、博物馆、咖啡馆和社区中心活动的一部分；书店、家庭进修用品商店和电脑商店正在提供课程，并在他们的学习中心提供辅导；我们工作中的大部分时间主要用于学习，从而让自己成为更加优秀的专家与改革家。

我们可以期待一个这样的新时代：全球任何一个地方的学生都将获得由各21世纪学校组建的强大的全球性学习网络服务，通过在线学习服务接受高质量的21世纪教育，习得工作生活所需的21世纪技能和专业知识，从而工作成功，拥有幸福快乐的家庭生活，享受终身学习带来的快乐。

要将这种21世纪的全球性目标变为现实，我们任重而道远。让我们来看看以下几个案例：

- 在以色列"求和平"学校就读的犹太教、伊斯兰教和基督教学生制作了一段视频，展现了他们对于实现中东和平的不同观点与看法。他们成立了一个工作坊，并邀请其他学校的学生来观看这段视频，帮助老师就每位学生为实现和平而能够采取的积极行动展开对话与讨论。

- 在加利福尼亚州的帕洛阿尔托，一所中学的学生在一堂机器人课上研究了四肢瘫患者和行动不便者的需求及其无法行动的难题。他们设计了一款"激光手指"装置，这款装置使用人工激光仪器来打开家用电器和设备——同时，他们还在为一家高科技制造公司和全国残疾组织制订一份方案，计划为所有有需要的人士免费提供这款"激光手指"。

- 荷兰的小学生团队在各自学校前面做了一些景观设计，其中包括树木、常青灌木和抵御干旱的菜圃。这些设计中包含了详细的经费预算和工作计划。园林和景观专家对这些设计进行评判，得分最高的设计方案将获得城市颁发的奖励基金，学生和社区志愿者可以用这笔资金来实施他们的设计方案。

- 悉尼一所中学的科学课上，学生联合全球各地的学生采用各式各样的环境测量方法对环境进行测量，并将测量数据上传到一个全球性的数据库，监测全球气候变化。这些学生还协助当地的一个环境组织完成了对街区内每个家庭的免费节能评估，宣传节能知识，帮助居民安装免费的节能灯泡。

- 在伦敦，一名骑车的学生险些在学校附近的十字路口和一辆汽车相撞。于是，该校公民教育课的学生测量了一天中各个时段的车流量，将十字路口的交通情况拍成视频，就在十字路口安装交通信号灯制定了一份详细的报告。在呈给市议会的提案中，他们列出了详细的数据和论点，市议会投票后决定安装新的交通信号灯。

可以看到，21世纪的学生正在令人刮目相看。

越来越多的学校和教育规划正在将以问题为导向和以设计为导向的学习项目纳入改革行列，教育工作者、家长和民政领导人发现：学生们表现出来的能力，超乎所有人对他们的预期和想象。

学生们无数次证明：他们能够针对现实问题，应用21世纪技能，设计创新性的解决方案，成为该领域的专家。

孩子们似乎天生就是问题的发现者和解决者。

一旦问题成为学生真正关心的、影响他们的生活以及他们的朋友与家人生活的问题时，那么，他们将会不遗余力地通过学习来解决这些问题。

那么，我们所有人在家里遇到的乃至全世界所面临的庞大的全球性和本土性的21世纪的问题是什么呢？

图9.1将它们一一列出：我们所面临的主要"E"问题都在这里。（五大问题的英文词都以字母"E"开头——译者注。）

在健康的经济体中接受良好的教育，找到一份体面的工作，获得不错的薪水，获得买得起且可持续的能源和健康的环境，竭尽全力地消除贫困和贫富差距以及由这些差异引起的全球冲突，这些都是21世纪需要解决的重大问题。

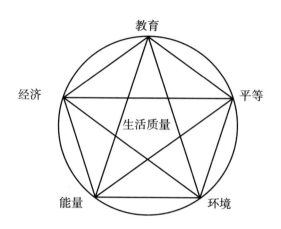

图 9.1 全球性的主要 "E" 问题

图形中心是我们的生活质量,包括医疗保健(生理和心理两个方面)的质量。在不丹,这被称为"国民幸福指数"(National Happiness Index,简称 NHI)。

利用学生的热情来解决与生活质量相关的、与国际性问题相对应的"本土版"问题,可能是我们充分调动学生全力投入学习的最佳方法之一。我们要激励学生刻苦学习、培养 21 世纪技能、掌握有意义且值得记忆的知识,并积极主动地将所学知识用于完成有益的劳动。

面临时代挑战,学生将需要通过大量实践,运用 21 世纪技能,成为更优秀的问题解决者和创新者,如此,我们的世界将来一定会有一些充满激情、不乏创新精神的问题解决者!

现在是时候让所有学生都有机会学习如何开创一个更美好的世界了。

附录 A

21 世纪技能学习资源

为了更好地阐述和支持本书的主题思想，我们提供了大量的资源。你将发现，在通往 21 世纪学习之路时，这些资源对你非常实用。

21 世纪技能示例

本书最后所附的 DVD 中[①]，有一些有效发展 21 世纪技能与知识的课堂和教育项目实施案例。

精选这些视频案例的目的是，通过有趣又具挑战性的学习项目，说明教师与学生如何应对现实问题，如何学习严谨的内容知识，如何学会并熟练使用 21 世纪技能。

DVD 中包含了 8 个案例内容：

1. 来自加利福尼亚州旧金山大都会艺术与技术中学（特许学校管理组织下属的"设想学校"之一）所提出的"加利福尼亚州提案之公共服务声明项目"。（由培生基金会资助）

　　a. 项目概述；

　　b. 分技能逐一描述。

2. 加利福尼亚州纳帕新技术高中的"21 世纪技能评估"（由培生基金会资助）。

[①] 由于版权问题，本书无法提供 DVD，但读者可以参照书中提供的网站进行查询。

3. 加利福尼亚州圣迭戈高新技术高中的"21 世纪技能的文化"。(由培生基金会资助)

4. 纽约市"基本学校联盟"成员之一——未来学校的"科学实验室（生物）项目"。(由培生基金会资助)

5. ThinkQuest 项目中由埃及、马来西亚、荷兰和美国学生合作完成的 SARS 项目。(由甲骨文教育基金会资助)

6. 西弗吉尼亚州圣奥尔本斯学校的"项目学习机构和成功项目"。(由甲骨文教育基金会资助)

7. 来自加纳库马西的"哈利的故事"。(由甲骨文教育基金会资助)

8. 亚利桑那州图森市卡塔利娜富特希尔斯高中的"水文学项目"。(由培生基金会资助)

你也可以通过本书的网站（网址是 www.21stcenturyskillsbook.com）或上述组织的网站观看这些案例视频：

- 培生基金会：www.pearsonfoundation.org。
- 甲骨文教育基金会：www.oraclefoundation.org。
- 精英学校联盟：www.essentialschools.org。

"未来学校"视频文件的完整版以及 CES "精华版系列"中展示了一些"联盟校"学习项目和学习规则的其他视版，可以直接从 CES 上预订，网址 www.essentialschools.org/pub/ces_docs/resources/essentialvisions.html。

21 世纪技能合作组织提供的相关资源

从 21 世纪技能合作组织（简称 P21）的网站 www.21stcenturyskills.org 上可以找到大量 P21 资料，其中包括针对 P21 框架中的技能与教育支持系统的详细解释和白皮书、研究报告、出版物和政策报告、国家调查结果以及美国许多州将 21 世纪技能融入日常学习的工作情况汇报。

一个名叫"路线21"（Route 21）的特殊资源库，提供了与21世纪技能相关的信息、资源和社区工具等一站式服务，在 www.21stcenturyskills.org/route21 上能够完成一站式的搜索查询。

"路线21"鼓励用户对资源进行评分，并添加用户发现的对教学、学习和发展21世纪技能有帮助的新资源。其目标是成为一个集合最有用和最有效的21世纪学习资源的网络平台。

精选的在线资源

以下是两位作者在研究中发现的对21世纪学习有帮助的在线资源。这份列表无意详尽列出一切在线资源，它仅仅是作者发现的对发展21世纪技能有益的组织与项目的集合。

第二章　完美的学习风暴：四股会聚力

大量高科技公司正掷重金投资全球慈善项目，吸引技术领域的学生，培训他们的技术技能并进行认证，以及培养21世纪所需的部分必要知识性劳动技能。

这些所谓的"学术项目"为教师、教授和技术研究所人员提供了相关的培训内容、技术工具与课程资源，使他们有能力培养出在技术与商业等众多相关领域中达到专业水平资质的学生。

三个最典型的学院项目是：

- 思科网络技术学院项目，网址：www.cisco.com/web/learning/netacad/index.html。
- 甲骨文学院项目，网址：http://academy.oracle.com/。
- 微软IT学院，网址：www.microsoft.com/education/msitacademy/default.mspx。

第三章　学习和创新技能：学习共同创新

访问"批判性思维基金会"的网站 www.criticalthinking.org，可以找到一个发展批判性思维与问题解决能力的实用在线资源指南。

基于问题的学习和基于项目的学习的在线资源非常丰富，因为这两种学习能够打造培养问题解决能力与批判性思维。以下资源是我们发现的最为实用的：

- 伊利诺斯数学与科学学院的"基于问题学习网"（PBLNet），网址：http://pbln.imsa.edu/。
- 特拉华大学的"基于问题学习法"资源与交流中心，网址：www.udel.edu/pbl/。
- 乔治·卢卡斯教育基金会的"教育乌托邦项目"学习资源，网址：www.edutopia.org/project-learning。
- 巴克基金会的基于项目的学习资源汇聚平台，名为"PBL在线"，网址：www.pbl-online.org。

第四章 数字素养技能：懂信息、通媒体、会技术

信息素养

在一众信息素养来源之中，有一个源头尤为实用，它就是美国学校图书馆员协会的在线资源合集，网址：www.ala.org/ala/mgrps/divs/aasl/index.cfm。

这些针对21世纪学习者的标准与相关资源材料，清楚地概述了在当今时代成为一名精通信息的学生、教师或图书馆员所需的技能。

媒体素养

实用的媒体素养在线资源非常丰富。我们找到的以下几种尤为实用：

- 美国媒体素养中心，网址：www.medialit.org。
- 媒体频道，一个有上千个媒体教育组织的全球性团体，网址：www.mediachannel.org。
- 媒体交流中心，网址：http://medialit.med.sc.edu。
- 一般性媒体，网址：http://commonsensemedia.org/educators。

信息通讯技术（ICT）素养

以下组织虽然大多位于美国，但是在国际上均有一定的影响力。他们都致力于研究信息与通信技术在教育各方面的有效应用：

- 美国国际教育技术协会，网址：www.iste.org/。
- 美国学校网络联合会，网址：www.cosn.org/。
- 美国教育传播与技术协会，网址：www.aect.org/default.asp。
- 美国高等教育信息化协会，它致力于推进高等教育的技术整合，网址：www.educause.edu/。

联合国教科文组织（UNESCO）有一个专注于教师 ICT 素养研究的部门，网址：http://portal.unesco.org/ci/en/ev.php-URL_ID=22997&URL_DO=DO_TOPIC&URL_SECTION=201.html。

有一个非常强大的美国组织制定了一系列模范白皮书，名为"2020 年课堂：教育行动计划"，这些白皮书对其他国家可能也会非常实用，访问"国家教育技术董事协会"可以找到该文献，网址：www.setda.org/web/guest/2020。

第五章　职业和生活技能：为工作和生活作好准备

社交和跨文化交际

- 培养亲社会技能的一项重要资源是"培养社会责任感的教育工作者"组织，网址 http://esrnational.org。
- 亚洲协会（网址：http://asiasociety.org）也提供了丰富的国际教育和跨文化教育的资源。

产出能力和绩效能力

全球各地的教育学院设计了许多针对新教师与在职教师的项目和课程。除此之外，大量的企业和基金会同样为中小学教师的专业发展投入了资金。在许多项目中，为教师提供了将技术工具和 21 世纪技能融入日常教学的许多方法。

以下是教师发展项目的一些典型例子：

英特尔未来教育项目，网址：www.intel.com/education/teach/。

• 微软的"全球伙伴学习计划"，网址：www.microsoft.com/education/pil/partnersInLearning.aspx。

• 甲骨文教育基金会的专业人员培养计划，网址：www.thinkquest.org/pls/html/think.help?id=54610。

• 苹果公司的专业人员培养计划，网址：www.apple.com/education/leaders-administrators/professional-development.html。

• 培生基金会的数字艺术联盟，网址：www.pearsonfoundation.org/pg4.0.html。

• 巴克学院的基于项目的学习学院，网址：www.bie.org/index.php/site/PBL/professional_development/#academy。

领导力与责任感

模拟联合国项目是在虚拟国际场景下培养学生领导力与责任感的典型例子，通过该项目，学生模拟联合国理事会解决一个国际危机，详情请见 www.nmun.org/。

第八章　重组学校教育：改造支持系统

支持系统

率先对国际学生评估项目进行大规模评估的国际组织是经济合作与发展组织（OECD）的"国际学生评估程序"（PISA），网址为 www.pisa.oecd.org/pages/0,2987,en_32252351_32235731_1_1_1_1,00.html。

从技能到专业技能：未来的学习框架

ASCD 组织及其全球网络和隶属机构正在使"让全面的儿童全面学习"的憧憬得以实现。有关"全面儿童"的相关信息，请参见 www.ascd.org/programs/The_Whole_Child/The_Whole_Child.aspx/。

附录 B

关于 P21

21 世纪技能合作组织（P21）开创了教育工作者、企业和政府间的紧密合作关系，使 21 世纪学习在美国乃至全球的每个角落得以落实。

P21 是什么

问题：以下这些名称和机构有何共同之处？

- Adobe、苹果、思科、戴尔、福特汽车公司、惠普、英特尔、联想、微软、甲骨文、太阳微系统、Verizon。这些耳熟能详的公司都跻身当今全球高科技公司前列。

- 原子学学习、Blackboard、Cengage Learning、EF 教育、盖尔、K12、乐高、麦克劳—希尔、Measured Progress、培生、Polyvision、Quarasan！、Scholastic、Thinkronize、Wireless Generation。这些都是以开发新型学习产品与服务著称的以盈利为目的的教育公司。

- 美国学校图书馆员协会、课程开发协会（ASCD）、"电缆入教室"、美国公共广播公司、美国教育网、美国教育考试服务中心、国际青年成就组织（Junior Achievement）、知识性劳动基金会、学习重点协会（Learing Point Associates）、全美教育协会、芝麻街工作室（Sesame Street Workshop）。这些非营利性的教育组织为教师、学生和学校提供了热门的学习工具、知识、培训和具有高度影响力的学习项目。

答案：所有这些实体都隶属于同一个组织（截至 2009 年 6 月），它独辟蹊径并大力支持 21 世纪教育技能运动的发展，该组织被称为 21 世纪技能合作组织（P21），详情请参见 http://www.21stcenturyskills.org。

P21 成立于 2002 年，是美国致力于将技术融入教学与学习方方面面而取得的成果，其宗旨是"作为催化剂，通过与教育、商界、社会界和政府领导人建立合作伙伴关系，将 21 世纪的技能引入中小学。"[1] P21 正化作一股新兴力量将年轻人培养成为 21 世纪优秀的个体、公民和劳动者。

P21 在做什么

2006 年 12 月，《时代》杂志的封面故事是"如何为 21 世纪培养学生"，这篇报导成功地推动了普通民众对 P21 及其合作伙伴的认知。文章吸引人的是"大大张开的裂缝"（强调了裂口很大），这道裂口将象牙塔内的世界与外面的世界隔开来。

2007 年，P21 发起了一项全球性的调查，结果发现，几乎所有的投票者都相信一国的经济发展若想取得成功，重点在于教授 21 世纪技能，包括批判性思维和问题解决能力、计算机与技术技能、沟通与自我指导的技能。这一发现（与 P21 列出的一长串的报告结果）影响了 2008 年美国总统选举对教育的考虑和新政府的教育政策。

美国有越来越多的州签约成为成立 P21 相关领导机构的州，并坚定不移地将 21 世纪技能融入到学生学习、教师专业发展、课程、标准、评估与学习环境的方方面面。

虽然 P21 目前主要针对的是美国教育系统，但却在全球范围内通过全球成员组织网络广为传播，很多志同道合的教育现代化倡导者会在自己的国家发展类似的理念。例如：

• 由 21 个成员国参与的亚太经济合作组织（APEC）论坛在制订教育战略计划时获得了 P21 的支持与帮助，从而能够更好地发展中国、澳大利亚、日本、韩国、俄罗斯、印度尼西亚、马来西亚、加拿大和墨西哥以及该地区内其他国家的未来教育。

- P21 在教育改革议程中提到的工作与合作方式对英国的 21 世纪学习联盟产生了影响。
- 法国教育部的"Socle commun"致力于为核心知识与技能的培养设立教育目标，融合了部分 P21 技能。
- 新西兰教育研究理事会制定了一份学生学习的"核心能力"列表，该列表与 P21 框架有着异曲同工之处。

P21 正在采取"三部曲"策略，推动和持续实施 21 世纪的技能培训规划：

- 会聚三股核心利益相关集团（教育、商界和政府）的力量，携手发展 21 世纪学习的共同愿景，建立清晰的落实流程。
- 使用一系列通讯工具（调研、报告、杂志文章、新闻稿、在线实例与案例分析以及会议报告等）宣传推广 21 世纪技能的需求、定义、学习途径与方式。
- 直接与教育、企业和政府领导人合作，突出宣扬各自领域的教育项目（有关 21 世纪学习实例的"路线 21"线上素材库，请访问 www.21stcenturyskills.org/route21），让他们分享自己的先进做法。

P21 学习框架是怎样形成的

也许在 P21 的发展进程中，诸多因素中最重要的因素是对"21 世纪的学习是什么样的"有一个清晰明确的表述，即在本书中反复使用的"21 世纪学习合作框架"。

在过去，我们通过精心研究，作了大量尝试，试图掌握 21 世纪最迫切需要的核心知识、技能和学习支持。[2] 虽然每一项研究在必要技能的分类和列表中各不相同，但是尚没有研究能够系统简单地掌握学生所需的 21 世纪成果以及支撑这些成果所需的学校改革。

P21 的标准、评估和专业发展委员会被指派设计出一份能够指导所有未来合作工作的学习框架。该委员会的成员多达 35 个，有许多教育部门和上百家专业教育与研究组织，而所有组织均参与了讨论，因此委员会忙得不可开交，要想达成一致意见还有漫长的路要走。

事实上，欲就未来学习的愿景达成一致，本身就是21世纪的挑战，要求运用P21委员会在定义框架中的所有技能，包括协作能力、问题解决能力、沟通能力和创造能力。委员会成员（以及本书的两位作者，他们是委员会的共同负责人）必须"在做菜时先尝自己做的菜"。

"我记得我们开了很久的电话会议，试图就21世纪所需的所有技能、知识和学校支持系统达成一致，并汇总到一张图上，"时任P21委员会会长、苹果公司教育领导与宣传总监凯伦·凯特（Karen Cator）回忆道，"突然，临近会议结束时，有人提出了一种新说法或者看似更合理地把别人的观点综合起来，于是我们只能散会，下次再说。"

经历了数次会议、一次全国性会议以及大量教育工作者、商界领导人和政策制定者的数轮审阅，框架终于诞生了。在共同努力之下，委员会终于成功地用一张图（图B.1）以及配套的框架文件绘制出了教育的未来，这使得这一共同努力得出的成果完全值得我们为之花费的一年时间。[3]

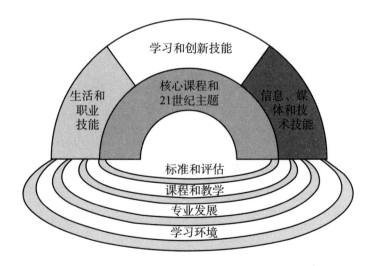

图B.1　21世纪学习框架

这张 P21 设计框架图已经成为 21 世纪技能运动的路标，也是实现 21 世纪学习的路线图。我们期待如今的学生习得的 21 世纪技能成果会比过去更加细致、更具价值。结合基础的"3R"素养（即读、写、算三种基本素养）与计算能力，将 21 世纪技能运用于学习内容知识和 21 世纪主题，将使我们的学习经历更加丰富，对学习有更深刻的理解，更与时俱进。

附录 C

3Rs x 7Cs=21 世纪学习

P21 学习"彩虹"中的核心科目、主题和技能令人记忆深刻,即学生要在 21 世纪脱颖而出需要学习什么内容(参见图 C.1)。

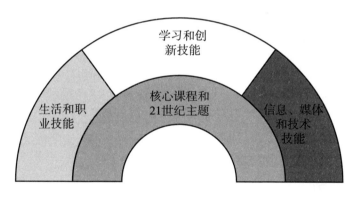

图 C.1　21 世纪学习成果

为了使 P21 框架中所有必不可少的 21 世纪技能令人更加难忘,表 C.1 对 11 项技能进行了调整和压缩,最后变成了 7 项,而且这 7 项都以字母"C"开头。

表 C.1　P21 和 7Cs 技能

P21 技能	7Cs 技能
学习和创新技能	
批判性思维和问题解决能力 交际和合作能力 创造和革新能力	批判性思维和问题解决能力 沟通、信息与媒体素养 协作、团队合作和领导能力 创造和革新能力
数字素养技能	
信息素养 媒体素养 ICT 素养	（包含于沟通） （包含于沟通） 计算与 ICT 素养
生活和职业技能	
灵活性和适应性 主动性和自我指导能力 社交和跨文化交际能力 产出能力和绩效能力 领导力和责任感	职业和学习上的自立 （包含于职业和学习上的自立） 跨文化理解能力 （包含于职业和学习上的自立） （包含于协作能力）

因此，我们现在具备了 21 世纪学习的"7Cs"技能：

- 批判性思维和问题解决能力（Critical thinking and problem solving）
- 创造和革新能力（Creativity and innovation）
- 协作、团队合作和领导能力（Collaboration, teamwork, and leadership）
- 跨文化理解能力（Cross-cultural understanding）
- 沟通、信息和媒体素养（Communications, information, and media literacy）
- 计算和 ICT 素养（computing and ICT literacy）
- 职业和学习上的自立（Career and learning self-reliance）

如果我们用阅读、写作和算术的"3Rs"技能乘以"7Cs"，那么我们就得出了一个

21世纪成功的学习的公式（以及数学运算！）

$$3Rs \times 7Cs = 21\text{世纪学习}$$

当然，任何一个好公式，其价值在于正确地运用，从而解决现实世界的挑战。

如上文所述，美国和世界上其他国家面临的最大挑战就是为每个学生提供21世纪教育，让所有的孩子都有机会学习技能，从而帮助他们成长为受过良好的21世纪教育的劳动者和公民。

致谢

这本书鲜活地展示了一个优秀的 21 世纪项目学习,囊括了所有的 21 世纪技能,尤其是协作能力、创造能力和沟通能力。此书的写作过程,已经将 21 世纪技能的运用发挥到了极致!

我们首先感谢整个 P21 委员会和数字照明集团的全体员工,他们不仅大力支持我们,还允许我们在本书内不受限制地使用许多 P21 的核心资料,主要功劳应当归于他们。在这里需要特别提及的是瓦莱格·格林希尔,她不辞辛劳地帮助我们,同时她还是有关"标准、评估和专业发展委员会"的专家。我们的委员会屡次证实,围绕一个共同的目标各抒己见从而碰撞出思想的火花,总能得到一个更好、更具活力和创新性的成果。

我们也非常感激出版商乔西 - 巴斯(威利出版公司)及其出色的支持团队,他们有:编辑主任莱斯利·卢拉,包括迪米·贝尔克纳,苏珊·杰拉蒂,谢里·吉尔伯特,艾米·里德等许多优秀员工。是你们让这本书的出版成为一次令人心情愉悦的旅程,你们的专业精神令人称道。若非你们所有人的专业指点与付出,我们根本不可能完成这项庞大的项目。

这本书也是两家出版商巨头的精诚合作,本书的 DVD 完全由培生基金会制作。我们在此衷心感谢马克·尼克的思想开明和大力支持,以及史蒂芬·布朗先生优秀的专业精神。

我们还想感谢允许我们拍摄制作 DVD 所需的视频并提供给我们可用视频资料的所有学校,它们是:加利福尼亚州旧金山大都会艺术与技术中学、加利福尼亚州纳帕新技术高中、加利福尼亚州圣迭戈高新技术高中、纽约市未来学校、西弗吉尼亚州圣奥尔本斯小学、亚利桑那州图森市卡塔利娜富特希尔斯高中。

查尔斯诚谢以下人员的想法、建议、指导、激励和支持：罗兰·阿克拉，维托·阿马托，鲁伯特·拜恩斯，亚历克斯·贝洛斯，斯科特·布莱克琳，玛丽·波义耳·哈根，皮特·塞维尼尼，约翰·康奈尔，克劳德·克鲁兹，玛丽·多瓦，大卫·杜思玛尔，菲莉丝·霍金斯-米克尔，苏珊·珍妮瑞，温蒂·琼斯，朱莉·卡明蔻-萨克斯，史托力·琳-海本尼斯，里尔·米勒，琳·奥斯本，菲比·佩罗贝罗，詹姆斯·里士满，马丁·里普利，米歇尔·泽林格，伍迪·塞尚斯，克里斯蒂安·泰维勒，托尼·瓦格纳和杰米·维恩。

伯尼想诚谢巴克研究所的约翰·梅根多勒在设计项目学习"自行车"模式过程中所提供的帮助，并感谢以下人员的慷慨支持和提供给我们写作的思路：布里基·巴伦，科林·凯西迪，保罗·柯蒂斯，琳达·达琳-哈蒙德，克莱尔·多伦，史蒂芬·赫佩尔，斯图亚特·卡尔，杰尼佛·凯恩，托尼·凯利，迈克·莱文，欧福莱斯·尼·科尔克拉，鲍勃·皮尔曼，雷·皮切诺，米切尔·瑞斯尼克和肯·罗宾逊。

我们还要向《让创意更有黏性：为什么我们记住了这些，忘记了那些》（*Made to Stick: Why Some Ideas Survive and others Die*）的两位作者切普·希斯和丹·希斯表示敬意。在写作过程中，我们将他们的"SUCCESS"公式（简单、意外、协同性、可信性、感情和故事）放在电脑屏幕的旁边，时刻引导我们坚定地发展21世纪学习模式，犹如他们著作封面上的一道胶带那样有粘性。

我们还想向在初等、中等和高等教育事业中奋斗的老师和教授们（尤其是那些没有教学经验的老师，这里绝无恶意）表示真诚的感谢，感谢你们提供了外在动机，激励着我们不断提升教育和学习研究，使所有的孩子都能实现他们的梦想，从而创造一个更好的世界。

注释

Chapter One

1. Stewart, 1998

2. Conference Board, Partnership for 21st Century Skills, Corporate Voices for Working Families, & Society for Human Resource Management, 2006

3. Miller, 2007

4. U.S. Bureau of Labor Statistics, 2008

5. UNESCO, 2008

6. United Nations, 1948

7. Maslow, 1987, 1998

8. Friedman, 2007

Chapter Two

1. Meieran, 2006

2. Business Wire, 2006

3. Paschotta, 2008

4. McCain & Jukes, 2000

5. Terms noted here are from Prensky, 2001; Tapscott, 1999, 2009; and Veen, 2006. "Digital immigrants" and "do technology" are Prensky's

6. Pew Internet Project, 2006

7. Tapscott, 2009

8. Tapscott, 2009

9. Kalantzis & Cope, 2008

10. Bransford, Brown, & Cocking, 1999; Donovan & Bransford, 2005

11. Lave & Wenger, 1991

12. Bransford, Brown, & Cocking, 1999

13. Bransford, Brown, & Cocking, 1999

14. Senge, Kleiner, Roberts, Ross, Roth, & Smith, 2000

15. Bransford, Brown, & Cocking, 1999

16. Papert, 1994

17. Goleman, 2005

18. Elias & Arnold, 2006

19. Darling-Hammond et al., 2008

20. Sternberg, 1989; Gardener, 1999; Minsky, 1988

21. Gardner, 1999

22. Tomlinson, Brimijoin, & Narvaez, 2008

23. Rose & Meyer, 2002

24. Darling-Hammond et al., 2008

25. Wenger, 1998; Wenger, McDermott, & Snyder 2002

Chapter Three

1. Levy & Murnane, 2004

2. Resnick & Hall, 1998

3. Resnick, 2007

4. Bloom & Krathwohl, 1956

5. Silva, 2008

6. Anderson & Krathwohl, 2000

7. Robinson, 2001, 2009

8. von Oech, 1989, 2008

Chapter Four

1. AASL 2007, 2009a, 2009b

2. Center for Media Literacy, n.d.

3. ISTE, 2007—2009

Chapter Five

1. Goleman, 2005, 2007

Chapter Six

1. "1.6 billion people…," 2006

2. Adapted from Roger Bybee in Raizan, Sellwood, & Vickers, 1995

Chapter Seven

1. See IDEO, 2003

2. Kelley, 2002

3. Barron & Darling-Hammond, 2008

4. Darling-Hammond et al., 2008

5. Quin, Johnson, & Johnson, 1995

6. Barron, 2000, 2003

7. Darling-Hammond et al., 2008

8. Thomas, 2000

9. ELOB, 1997, 1999a, 1999b

10. Ross et al., 2001

11. Shepherd, 1998

12. Boaler, 1997, 1998

13. Penuel, Means, & Simkins, 2000

14. CTVG, 1997

15. Hmelo, Holton, & Kolodner, 2000

16. Barron et al., 1998

Chapter Eight

1. P21, 2008b

2. Becta, 2008

3. Singapore Ministry of Education, 2005

4. Marzano & Kendall, 1998

5. Darling-Hammond & Bransford, 2005

6. Law, Pellgrum, & Plomp, 2008

7. Silva, 2008

8. Silva, 2008

9. ASCD, 2007

10. "At MIT…," 2009

11. Darling-Hammond & McLaughlin, 1995

12. P21, 2009b

13. Coalition for Community Schools, 2009

14. Cisco & Metiri Group, 2006

15. Fullan, 2007

16. Bransford, Brown, & Cocking, 1999

Appendix B

1. P21, 2008a

2. U.S. Department of Labor, SCANS, 1992; ISTE, 1998; AASL & AECT, 1998; Trilling & Hood, 1999; NCREL/Metiri Group, 2003

3. P21, 2008b, 2009a

参考文献

1.6 billion people around the world live without electricity. (2006, May 11). *World News*. Available online: http://archive.wn.com/2006/05/12/1400/p/46/4e3a55f1f01f98.html. Access date: May 10, 2009.

American Association of School Librarians. (2007). AASL standards for the 21st-century learner. Available online: http://ala.org/aasl/standards. Access date: May 10, 2009.

American Association of School Librarians. (2009a). *Empowering learners: Guidelines for school library media programs*. Chicago: ALA.

American Association of School Librarians. (2009b). *Standards for the 21st-century learner in action*. Chicago: ALA.

Anderson, L. W., & Krathwohl, D. R. (Eds.). (2000). *A taxonomy for learning, teaching and assessing: A revision of Bloom's taxonomy of educational objectives* (complete ed.). New York: Longman.

ASCD. (2007). *The learning compact redefined: A call to action, a report of the Commission on the Whole Child*. Alexandria, VA: ASCD. (http://www.ascd.org/ASCD/pdf/Whole%20Child/WCC%20Learning%20Compact.pdf)

At M.I.T., large lectures are going the way of blackboards. (2009, January 13). *New York Times*, p. A12.

Autor, D. (2007). Technological change and job polarization: Implications for skill demand and wage inequality. Presentation at the National Academies Workshop on Research Evidence Related to Future Skill Demands, National Academy of Science. Available online: www7.nationalacademies.org/cfe/Future_Skill_Demands_Presentations.html. Access date: May 10, 2009.

Autor, D., Levy, F., & Murnane, R. J. (2003). The skill content of recent technological change: An empirical exploration. *Quarterly Journal of Economics, 118* (November 2003), 4.

Barron, B. (2000). Problem solving in video-based microworlds: Collaborative and individual outcomes of high-achieving sixth-grade students. *Journal of the Learning Sciences, 9*(4), 403–436.

Barron, B. (2003). When smart groups fail. *Journal of the Learning Sciences, 12*(3), 307–359.

Barron, B., & Darling-Hammond, L. (2008). Powerful learning: Studies show deep understanding derives from collaborative methods. *Edutopia,* October 2008. Available online: www.edutopia.org/inquiry-project-learning-research. Access date: May 10, 2009.

Barron, B., et al. (1998). Doing with understanding: Lessons from research on problem- and project-based learning. *Journal of the Learning Sciences, 7*(3–4), 271–311.

Becta. (2008). *Harnessing technology: Next generation learning 2008–14.* Coventry, UK: Becta. Available online: http://publications.becta.org.uk/display.cfm?resID=37348. Access date: May 10, 2009.

Bloom, B. S., & Krathwohl, D. R. (1956). *Taxonomy of educational objectives, Handbook 1: Cognitive domain.* New York: Addison-Wesley.

Boaler, J. (1997). *Experiencing school mathematics, teaching styles, sex, and settings.* Buckingham, UK: Open University Press.

Boaler, J. (1998). Open and closed mathematics: Student experiences and understandings. *Journal for Research in Mathematics Education, 29,* 41–62.

Bransford, J. D., Brown, A. L., & Cocking, R. R. (Eds.). (1999). *How people learn: Brain, mind, experience and school* (expanded ed.). Washington, DC: National Academy Press.

BusinessWire. (2006, May 16). IBM researchers set world record in magnetic tape data density: 6.67 billion bits per square inch lays foundation for future tape storage improvements. *BNET,* CBS

Interactive. Available online: http://findarticles.com/p/articles/mi_m0EIN/is_2006_May_16/ai_n26862640/?tag=content;c011. Access date: May 10, 2009.

Center for Media Literacy. n.d. About CML. Available online: www.medialit.org/about_cml.html. Access date: May 1, 2009.

Cisco Systems & Metiri Group. (2006). *Technology in schools: What the research says.* San Jose, CA: Cisco Systems. Available online: www.cisco.com/web/strategy/docs/education/TechnologyinSchoolsReport.pdf. Access date: May 10, 2009.

Coalition for Community Schools. (2009). *Community schools research brief 09.* Washington, DC: Author.

Cognition and Technology Group at Vanderbilt (CTGV). (1997). *The Jasper Project: Lessons in curriculum, instruction, assessment, and professional development.* Mahwah, NJ: Erlbaum.

Conference Board, Partnership for 21st Century Skills, Corporate Voices for Working Families, & Society for Human Resource Management. (2006). *Are they really ready to work? Employers' perspectives on the basic knowledge and applied skills of new entrants to the 21st century U.S. workforce.* New York: Conference Board. Available online: www.21stcenturyskills.org/documents/FINAL_REPORT_PDF09-29-06.pdf. Access date: May 10, 2009.

Darling-Hammond, L., & Bransford, J. D. (Eds.). (2005). *Preparing teachers for a changing world: What teachers should learn and be able to do.* San Francisco: Jossey-Bass.

Darling-Hammond, L., & McLaughlin, M. W. (1995). Policies that support professional development in an era of reform. *Phi Delta Kappan, 76*(8), 597–604.

Darling-Hammond, L., et al. (2008). *Powerful learning: What we know about teaching for understanding.* San Francisco: Jossey-Bass.

Donovan, S. M., & Bransford, J. D. (Eds.). (2005). *How students learn: History, mathematics and science in the classroom.* Washington, DC: National Academy Press.

Elias, M. J., & Arnold, H. (2006). *The educator's guide to emotional intelligence and academic achievement: Social-emotional learning in the classroom.* Thousand Oaks, CA: Corwin Press.

Expeditionary Learning Outward Bound (ELOB). (1997). *Expeditionary Learning Outward Bound: Evidence of success.* Cambridge, MA: Author.

Expeditionary Learning Outward Bound (ELOB). (1999a). *A Design for comprehensive school reform.* Cambridge, MA: Author.

Expeditionary Learning Outward Bound (ELOB). (1999b). *Early indicators from schools implementing New American Schools designs.* Cambridge, MA: Author.

Friedman, T. L. (2007). *The world is flat 3.0: A brief history of the twenty-first century.* New York: Picador.

Friedman, T. L. (2009). *Hot, flat and crowded: Why we need a green revolution—and how it can renew America.* New York: Picador.

Fullan, M. (2007). *Leading in a culture of change* (revised ed.). San Francisco: Jossey-Bass.

Gardner, H. (1999). *Intelligence reframed: Multiple intelligences for the 21st century.* New York: Basic Books.

Goleman, D. (2005). *Emotional intelligence: Why it can matter more than IQ* (10th anniversary ed.). New York: Bantam Books.

Goleman, D. (2007). *Social intelligence: The new science of human relationships.* New York: Bantam Books.

Hmelo, C. E., Holton, D. L., & Kolodner, J. L. (2000). Designing to learn about complex systems. *Journal of the Learning Sciences, 9*(3), 247–298.

IDEO. (2003). *IDEO Method Cards: 51 ways to inspire Design.* Palo Alto, CA: IDEO.

International Society for Technology in Education (ISTE). (1998). *National Educational Technology Standards for Students (NETS-S).* Washington, DC: Author. Available online: www.iste.org/Content/NavigationMenu/NETS/ForStudents/1998Standards/NETS_for_Students_1998_Standards.pdf. Access date: May 10, 2009.

International Society for Technology in Education (ISTE). (2007–2009). *National Educational Technology Standards for Students (NETS for Students); NETS for Teachers; NETS for Administrators.* Washington, DC: Author. Available online: www.iste.org/AM/Template.cfm?Section=NETS. Access date: May 10, 2009.

Kalantzis, M., & Cope, B. (2008). *New learning: Elements of a science of education.* Cambridge, UK: Cambridge University Press.

Kelley, T. (2002). *The art of innovation: Success through innovation the IDEO way.* London: Profile Business.

Lave, J., & Wenger, E. (1991). *Situated learning: Legitimate peripheral participation.* Cambridge, UK: Cambridge University Press.

Law, N., Pellgrum, W. J., & Plomp, T. (Eds.). (2008). *Pedagogy and ICT use in schools around the world: Findings from the IEA SITES 2006 Study.* New York: Springer.

Levy, F., & Murnane, R. J. (2004). *The new division of labor: How computers are creating the next job market.* Princeton, NJ: Princeton University Press.

Marzano, R. J., & Kendall, J. S. (1998). *Awash in a sea of standards.* Denver, CO: McREL. Available online: www.mcrel.org/PDF/Standards/5982IR_AwashInASea.pdf. Access date: May 10, 2009.

Maslow, A. H. (1987). *Motivation and personality* (3rd ed.). New York: HarperCollins.

Maslow, A. H. (1998). *Toward a psychology of being* (3rd ed.). New York: Wiley.

McCain, T., & Jukes, I. (2000). *Windows on the future: Education in the age of technology.* Thousand Oaks, CA: Corwin Press.

Meieran, E. (2006, September). Back to the future, part IV: Moore's Law, the legend, and the man. *IEEE Solid State Circuits Journal.*

Miller, R. (2007). *Education and economic growth: From the 19th to the 21st century.* San Jose, CA: Cisco Systems. Available online: www.rielmiller.com/images/Education-and-Economic-Growth.pdf. Access date: May 10, 2009.

Minsky, M. (1988). *The society of mind.* New York: Simon & Schuster.

National Center on Education and the Economy. (2007). *Tough choices or tough times: The report of the new commission on the skills of the American workforce.* San Francisco: Jossey-Bass.

North Central Regional Educational Laboratory (NCREL) & the Metiri Group. (2003). *EnGauge: 21st century skills.* Naperville, IL: NCREL. Available online: http://www.unctv.org/education/teachers_childcare/nco/documents/skillsbrochure.pdf. Access date: May 10, 2009.

Papert, S. A. (1994). *The children's machine: Rethinking school in the age of the computer.* New York: Basic Books.

Partnership for 21st Century Skills (P21). (2007). *Beyond the three Rs: Voter attitudes toward 21st century skills.* Tucson, AZ: Author. Available online: www.21stcenturyskills.org/documents/P21_pollreport_singlepg.pdf. Access date: May 10, 2009.

Partnership for 21st Century Skills (P21). (2008a). *Moving education forward.* Tucson, AZ: Author. Available online: www.21stcenturyskills.org/documents/p21_brochure_-final4.pdf. Access date: May 10, 2009.

Partnership for 21st Century Skills (P21). (2008b). *21st century skills in West Virginia.* Tucson, AZ: Author. Available online: www.21stcenturyskills.org/documents/p21_wv2008.pdf. Access date: May 10, 2009.

Partnership for 21st Century Skills (P21). (2009a). *Framework for 21st century learning.* Tucson, AZ: Author. Available online: www.21stcenturyskills.org/documents/framework_flyer_updated_jan_09_final-1.pdf. Access date: May 10, 2009.

Partnership for 21st Century Skills (P21). (2009b). *21st century learning environments* (white paper). Tucson, AZ: Author. Available online: www.21stcenturyskills.org/documents/le_white_paper-1.pdf. Access date: May 10, 2009.

Paschotta, R. (2008). *Encyclopedia of laser physics and technology.* Berlin: Wiley-VCH. Available online: www.rp-photonics.com/optical_fiber_communications.html. Access date: May 10, 2009.

Penuel, W. R., Means, B., & Simkins, M. B. (2000). The multimedia challenge. *Educational Leadership, 58*, 34–38.

Pew Internet Project. (2006). Digital natives: How today's youth are different from their "digital immigrant" elders and what that means for libraries. Presentation at Metro—New York City Library Council, October 27, 2006. Available online: www. pewinternet.org/~/media//Files/Presentations/2006/2006%20 -%2010.27.06%20Metro%20NY%20Library%20-%20final%20. ppt.ppt). Access date: May 10, 2009.

Prensky, M. (2001, October). Digital natives, digital immigrants. *On the Horizon, 9*(5).

Quin, Z., Johnson, D., & Johnson, R. (1995). Cooperative versus competitive efforts and problem solving. *Review of Educational Research, 65*(2), 129–143.

Raizen, S. B., Sellwood, P., & Vickers, M. (1995). *Technology education in the classroom: Understanding the designed world.* San Francisco: Jossey-Bass.

Resnick, L. B. (2007). Principles of learning. Institute for Learning. Web site. Available online: http://ifl.lrdc.pitt.edu/ifl/index. php?section=pol. Access date: May 10, 2009.

Resnick, L. B., & Hall, M. W. (1998). Learning organizations for sustainable education reform. *Daedalus, 127*(4), 89–118.

Resnick, L. B., & Resnick, D. P. (1992). Assessing the thinking curriculum: New tools for educational reform. In *Changing assessments: Alternative views of aptitude, achievement, and instruction.* B. R. Gifford & M. C. O'Connor, (Eds.). Boston: Kluwer Academic.

Robinson, K. (2001). *Out of our minds: Learning to be creative.* Chichester, UK: Capstone.

Robinson, K. (2009). *The element: How finding your passion changes everything.* New York: Viking Press.

Rose, D. H., & Meyer, A. (2002). *Teaching every student in the digital age: Universal design for learning.* Alexandria, VA: ASCD.

Ross, S. M., et al. (2001). Two- and three-year achievement results on the Tennessee Value-Added Assessment System for Restructuring Schools in Memphis. *School Effectiveness and School Improvement, 12*, 323–346.

Senge, P., Kleiner, A., Roberts, C., Ross, R., Roth, G., & Smith, B. (2000). *Schools that learn: A fifth discipline fieldbook for educators, parents, and everyone who cares about education.* New York: Doubleday.

Shepherd, H. G. (1998). The probe method: A problem-based learning model's effect on critical thinking skills of fourth- and fifth-grade social studies students. *Dissertation Abstracts International, Section A: Humanities and Social Sciences, 59*(3-A).

Silva, E. (2008). *Measuring skills for the 21st century.* Washington, DC: Education Sector.

Singapore Ministry of Education. (2005). *Teach less, learn more: To engage our learners and prepare them for life.* Singapore: Ministry of Education. Available online: www3.moe.edu.sg/bluesky/images/TLLM_Journal2.pdf. Access date: May 10, 2009.

Sternberg, R. J. (1989). *The triarchic mind: A new theory of human intelligence.* New York: Penguin.

Stewart, T. A. (1998). *Intellectual capital: The new wealth of organizations.* New York: Currency/Doubleday.

Tapscott, D. (1999). *Growing up digital: The rise of the net generation.* New York: McGraw-Hill.

Tapscott, D. (2009). *Grown up digital: How the net generation is changing your world.* New York: McGraw-Hill.

Thomas, J. W. (2000). *A review of research on project based learning.* Paper prepared for The Autodesk Foundation, San Rafael, CA. Available online: www.bie.org/files/researchreviewPBL_1.pdf. Access date: May 10, 2009.

Tomlinson, C. A., Brimijoin, K., & Narvaez, L. (2008). *The differentiated school: Making revolutionary changes in teaching and learning.* Alexandria, VA: ASCD.

Trilling, B., & Hood, P. (1999). Learning, technology, and education reform in the knowledge age, or "we're wired, webbed and windowed, now what?" *Educational Technology Magazine,* May/June 1999. Englewood Cliffs, NJ: Educational Technology Publications. Available online: www.wested.org/online_pubs/learning_technology.pdf. Access date: May 10, 2009.

UNESCO. (2008). *Education for All global monitoring report 2009.* Oxford: Oxford University Press.

United Nations. (1948). *The universal declaration of human rights, article 26.* New York: United Nations. Available online: www.un.org/Overview/rights.html#a26. Access date: May 10, 2009.

U.S. Bureau of Labor Statistics. (2008). *Number of jobs held, labor market activity, and earnings growth among the youngest baby boomers: Results from a longitudinal survey.* Washington, DC: U.S. Department of Labor. Available online: www.bls.gov/news.release/pdf/nlsoy.pdf. Access date: May 10, 2009.

U.S. Department of Labor, Secretary's Commission on Achieving Necessary Skills (SCANS). (1992). *Learning a living: A blueprint for high performance.* Washington, DC: U.S. Department of Labor.

Veen, W. (2006). *Homo zappiens: Growing up in a digital age.* London: Network Continuum Education.

Von Oech, R. (1989). *Creative Whack Pack.* Stamford, CT: US Games Systems.

Von Oech, R. (2009). *A whack on the side of the head: How you can be more creative* (25th anniversary ed.). New York: Business Plus.

Wenger, E. (1999). *Communities of practice: Learning, meaning, and identity.* Cambridge, UK: Cambridge University Press.

Wenger, E., McDermott, R., & Snyder, W. M. (2002). *Cultivating communities of practice: A guide to managing knowledge.* Boston, MA: Harvard Business Press.

图书在版编目（CIP）数据

学习的创新与创新的学习/（美）伯尼·特里林，（美）查尔斯·菲德尔著；窦卫霖，籍嘉颖译.—上海：华东师范大学出版社，2020

（"核心素养与21世纪技能"译丛）

ISBN 978-7-5760-0702-2

Ⅰ.①学… Ⅱ.①伯…②查…③窦…④籍… Ⅲ.①创造能力—能力培养 Ⅳ.①G305

中国版本图书馆CIP数据核字（2020）第159634号

大夏书系·"核心素养与21世纪技能"译丛
学习的创新与创新的学习

丛书主编	杨向东
著　　者	［美］伯尼·特里林　查尔斯·菲德尔
译　　者	窦卫霖　籍嘉颖
策划编辑	龚海燕　李永梅
责任编辑	任媛媛
责任校对	杨　坤
装帧设计	奇文云海·设计顾问
出版发行	华东师范大学出版社
社　　址	上海市中山北路3663号　邮编　200062
网　　址	www.ecnupress.com.cn
电　　话	021-60821666　行政传真　021-62572105
客服电话	021-62865537
邮购电话	021-62869887　地址　上海市中山北路3663号华东师范大学校内先锋路口
网　　店	http://hdsdcbs.tmall.com
印刷者	北京季蜂印刷有限公司
开　　本	700×1000　16开
插　　页	1
印　　张	12.5
字　　数	145千字
版　　次	2022年5月第一版
印　　次	2023年7月第三次
印　　数	7 001-9 000
书　　号	ISBN 978-7-5760-0702-2
定　　价	42.00元
出 版 人	王　焰

（如发现本版图书有印订质量问题，请寄回本社市场部调换或电话021-62865537联系）